刘 谞 著

@刘 谞 “私”语

天津大学出版社
TIANJIN UNIVERSITY PRESS

图书在版编目（CIP）数据

刘谞“私”语 / 刘谞著 .— 天津：天津大学出版社，2014.4
ISBN 978-7-5618-5034-3

Ⅰ．①刘… Ⅱ．①刘… Ⅲ．①建筑学 — 文集 Ⅳ．① TU-53

中国版本图书馆 CIP 数据核字（2014）第 079057 号

策划编辑 金 磊 韩振平
责任编辑 韩振平
装帧设计 安 毅

出版发行 天津大学出版社
出 版 人 杨欢
地　　址 天津市卫津路 92 号天津大学内（邮编：300072）
电　　话 发行部：022-27403647
网　　址 publish.tju.edu.cn
印　　刷 北京华联印刷有限公司
经　　销 全国各地新华书店
开　　本 148 ㎜ ×210 ㎜
印　　张 7.375
字　　数 186 千
版　　次 2014 年 5 月第 1 版
印　　次 2014 年 5 月第 1 次
定　　价 46.00 元

目录

刘谞其人

刘谞，祖籍沧州，得燕赵真朴之气，于20世纪50年代末大年初一出生于兰州铁路新村，属猪。孩童时随大人在天山脚下、嘉陵江畔、长安城南嬉戏、读书，1982年从西安冶金建筑学院（现为西安建筑科技大学）毕业去乌鲁木齐，认真画图。“下海”“上岸”、任喀什副市长……从未敢间断建筑师本业，时刻不忘父训母嘱，爱国爱家。曾任两届中国建筑学会常务理事，获奖种种大都不好意思摆显，“误录”入《中国四代建筑师》，去年被评为“全国优秀科技工作者”“中国百名建筑师”。编著几小册不敢称书，西域之大，有得劳作，不亦乐乎！

说说（代序）

严格地讲，微博是个人情感、观点自由表达的场所，具有即时即景、相互“关注”、时空“穿越”的特质。我的微博，开始只是一个习惯的延续，打小养成写日记的习惯，自从有了电脑就搁了下来。微博一条140字的限定，却也符合匆忙中的一日一记，于是，成了每日的必须。日记的公开就没打算把自己当回事儿，聊以慰藉。

想到了哲学，思想的哲学属于狭隘的个体，从而构成了千奇百怪的生存理由的坚持，塑造着心甘情愿的完整一人的世界，其实践和意识在其下固执而快乐地盲从行脚。哲学思想是人类最高灵魂的汇集，支撑着整个世界的根本基础，具有恒久性、真实性、完整性，并且在强大光芒的照耀下，行进中不断涵盖着每一时期的人间“奇葩”。

“哲学”这个概念用在中国人的精神世界有点牵强，因为中国传统的思维是追求“圣贤”品格，而不是古希腊传统所神往的“爱智慧”，在这里叫“天命之学”也许更贴切。建筑回答了什么是哲学，诠释了思维和存在、意识和物质的关系问题，即何者为本源的问题。唯心还是唯物，我们现今说得不多了，那么，哲学在建筑学的面前投降了吗？只是一时。天刚微亮，大地一片静寂，也许这就是一个永恒的瞬间。

亚里士多德在《形而上学》中说：求知是所有人的本性，人都是由于“惊奇”而开始哲学思维的。“求知”和“惊奇”实在是普通而深邃，区别着思想的层次，是自我与大众灵魂的皈依和行为的结果。本质就是精神还乡，具有怀揣“乡愁”的冲动四处找寻精神的家园，哲学就是人的生活必然。夜晚孤灯下的日记，也许就是哲学思考的另类现象。

将微博汇集成册来自偶然的意识。《新建筑》李晓峰先生嘱我写一篇关于西部创作的文章，没有成块的时间难以理出头绪，忽然想到“唯心、唯物”的状态不正是西域的真实写照吗？900 多段的博文将都是赤裸裸的记录，也可以说是戈壁沙滩中的秃鹫，早已千疮百孔。由于字数所限，文中多有生偏、杜撰的词句和不着边际的语句，也只有汗颜了。

刘谞

2013 年冬西域天安居

“私”语

【1】既然建筑作为标记先是空间的表象这一颠覆性的观点，那么也不得不去较真儿探究了：①建筑是历史记载最为复杂的文化形态，地域几乎决定了所有信息，宗教只是时代烟云；②使用或适用仅仅是部分功能，衍射对象稀罕，目的性较强；③材料与构筑方法真实地反映了建造时间，映现着历史，创新的同时在破坏着。

【2】起初的建筑并不仅为实用，特别是不为单一功能。表征、权力、财富等，甚至是为向女人的炫耀，征服的目的也许是为征服女人的男人（男女的全部世界），最终彰显本体，中外建筑史无例外地记录、镌刻、标榜，大肆且猖獗只为博得慕艳。女人和建筑一样，或建筑和女人一样，拥有多重外在的个性张扬表现，空间的意义在这里成为战利品。

【3】可能使用量大而且相对生态的建筑材料是混凝土，从维苏威下来的“土”建成了古罗马斗兽场，这种材料至今仍被广泛用来建造高楼大厦。相信不论人类走到哪里，还是得有所顾忌，建筑的创新，特别是空间变异和理论实践，都是新技术、新工艺、新材料的反复推敲，但都改变不了原初。

【4】好了，建筑不是为了使用而构筑的，认为建筑或房子就是为人、为己服务的，这话正确！因为我们已进入到极端享乐的社会和世界。一切以唯我的生活而展开，所有内涵均为一己所图，空间不再是环境的、外在的、社会的，变得趋于更加内敛、任意、狂野。于是，空间犹如被魔幻般的黑幕笼罩：死一般的寂静，仿佛世界末日降至。憔悴的内心或许在为其戏谑的建筑窃喜。

【5】沉浸于冥思而趋于神化，因为“神”，所以当信息的来临如搔痒一般的时候，随意而舒服成为创作的状态，创作不再是严峻的、痛苦的、如使命般勇敢的事了，渐渐谙熟郁闷却又放松的创作心态，世上原本就没有必须用一生的努力就能成就似乎属于你的环境和空间。

【6】建筑是变异的，它在被变和自变中交织，来自于外部的变迁容易理解，自变似乎不尽如此。其实，人的多变性、猜疑性，决定了不变的建筑成为变异最大的载体，并赋予它承载时代对变异的要求。历史性地不断揉搓，新旧建筑莫过如此。无论设计者是在主动还是被动意识驱使下，自知者明，不知为痴，自知为奴！大概如此。

【7】人类在原始社会中避暑防寒，为免受野兽的袭扰，躲避于洞穴。原初的洞穴系大自然地貌构造产物，人类建筑是对自然构造物的模仿，使用、感受皆为临摹而发展为创造，起先并非为使用功能！本来建筑就存在，原本就不是所谓人的建筑。只有人类真正认识到自然蔽体之所逐渐减少，思变中衍生出建筑行为。我们自己所为只是自然中的很少很少，建筑人表现得越多，自然栖所也就越少了。

【8】当代建筑所表现的工程技术成果登峰造极，希冀通过材料、技术抒发21世纪的建筑辉煌。试想：当照相都成了随手拍，还有什么艺术？当政客都成为诗人、善人了，那还谈什么廉耻！建筑开始炫耀财富之时，就是时代艺术的濒灭之日！当三克虫草需要三斤包装时，那脑满肠肥该如何乔装？

【9】哈萨克毡房很生土、原生态、有创意！赞美它，顺应自然依贴环境，

呵护土地，来去无痕，至今没有自己的形象表征。吸吮大地，返璞自然，何其令人感慨，远比造假贪功之事更令人膺服。越是民族的越是世界的，此刻我反对！此时不得不说：越是忘我的越是世界的。借用世界、借用土地、借用时光，珍惜每一方土地。

【10】达·芬奇没有想到后人封他为建筑师，计成也万万没料到被称为中国园林鼻祖，凡此，皆是后人的归纳而已，这其实可能正是前人所惮怕的。后人与后归纳术所有一对一的评说都是后人缘起的编造或夸张的，后人总是把前人叫历史传统，而后人或许从来不想也会成为新的前人，所有都在迷离中重复，一点儿新意都没有。

【11】山坡下的黄花，毡房上的炊烟，池塘中的鱼儿，沙漠里的胡杨，蓝天中的白云；蝶恋花，狼爱羊，鱼欢虾，天然的和谐就是天然的生存依赖，也是天然的尊重！不论我以为的是相互利用还是互为依托，真实的存在是唯一的解释，看起真美，做起真难！建筑的构筑过程汇集了高昂的神情，萃取了能得到的全部精华，这真的很美？

【12】神农架湿地的壮阔，九寨沟天然钟乳台地的神奇，张家界九曲十八弯河边翠竹的阳光，虽然时有阴霾笼罩，皆可令人心悦。但我还是愿意说："曾经山川秀美的伊犁河谷，那仿佛是鳞次栉比的自然建筑群，而起伏跌宕的山川犹如音阶，既是建筑学的创造乐谱，也是创造激情的绽放与淡定"。

【13】误入建筑学，其实不是误入歧途之意，而是有人类活动就有了活动的场所，从必然需求出发到类型的集合又反作用于本源的建筑空间。

如此神圣的构筑活动，非常人所能为。作为建筑的设计者尚且难为，何况建筑学之创作呢？为了眼下的快乐，漠视生态环境，等待我们的未来也许更糟糕。

【14】天边，一抹夕阳，那是如此的灿烂辉煌——依偎在院落阑珊的老人笑了；当鱼肚白渐冉泛青之时，所有希望浓聚心中——小伙心动了；当太阳被形容成骄阳之时——我们蔫了。在我们极端赞美之时，生存的危险正一步步向我们走来，勇往直前往往伴和着不堪回首的鲁莽，像是一个四处奔波的幽灵。

【15】百年不遇的事件这几年频发。我猜想：百年前的中国一定比任何年代都腐败，这样说好像很武断。记得那时的桥、路、亭、台、楼、阁，现在还很结实，还在使用呀！看来只要能推卸责任，先人的颜面也不顾了，这相当不好！百姓唯求知晓真实的事件、真实的食物、真实的故事、真实的情感、真实的生活，期盼能有真实的空气质量报告！

【16】严格地说：“当代建筑都是垃圾建筑！”原因：①目的性极强；②商业主义至上；③快速的建造过程；④材料来源、来历

的复杂性；⑤庞杂的各种技术、设备、模块化的粘合等，存在像食品中的苏丹红、膨大增长物质；⑥建筑附着文化传统低落，攻击性强；⑦把裕如的建筑空间设成及时行乐的场所！

【17】非既定性创作思维或理念是我杜撰的或叫创造的。它不是程序、理论、方法，而是空间与时间的融合体，运动与瞬间暂停，相似混沌的感觉但不是那种状态。需要深厚的、不偏不倚的、执着的创作态度加上非凡领悟能力方能驾驭，仅是驾驭而已。许多学者把这种思维归结为线性迹线与混沌学的组合，我不这么认为。

【18】由于我们的秩序、真理的建立过程是纵向的，多少含有传统与祖辈的神圣情结。按部就班以顺理成章，非原有规律即为离经叛道！故千篇一律的建筑、环境、空间充斥整个世界。创新的第一步就是彻底地遗忘过去的所有，哪怕是自己的喜爱。重新认识以前的“熟知”，思维是缜密的，构筑瞬间是疯狂的。

【19】但凡大作都是大彻大悟之物！但凡佳品皆是“德艺双馨”之果！有成就的设计师从来都懂得尊重来自各个方面的错综复杂的矛盾和要求，解决并涵容着。

认真解决困难、揭示问题、不惮追根溯源是每个优秀人物的共同特点，特别是建筑师，应该兼具艺术家、科学家、环境保护者、植物爱好者、政治家、经济学者的气质。

【20】一首歌、一幅画在今天能瞬间成名或身价百倍。一生情怀、一世功名、一代枭雄却在今天一片唏嘘中灰飞烟灭。列位建筑创作与设计将神圣的艺术和技术变成了杂耍，招招够鲜！我自问：能否坚守着孤凄，面对苍茫大地，服务于黎民百姓！不争最好、不做第一、不问贵贱。一间、一座地用心绘就。

【21】建筑是关联度最广泛的专业，同时也是抉择明确的职业，建筑师个人的素质和天赋几乎决定建筑的品质。由于建筑固态的强制性影响，建筑也同时塑造着城市形象和民众的品位。相互左右的结果，决定了一个城市的传统和历史，而城市的内涵影响着一代一代人的繁衍，于是，种族、文化、宗教各自循序井然。

【22】理解建筑和建筑理解，这词“绕”。我的意思是：建筑是有生命的，应当尊重它、热爱它、拜读它；同时，不同时代建筑的自身也在理解着周围的空间环境，建筑的本体是鲜活的，它自觉不

自觉地与身边事物对话、交流。你没感受到那是你的事，有道是：文化，你有没有是自觉的事，并不因为你而决定文化自身的存在。

【23】建筑及其设计迄今的所有名词、形容词、代词，都无法准确解释和博涵创作者的真实意图，我也无法用语言表达出设计思想。所以，凡是文字化的创作体会基本上和“铅笔盒”没什么两样。究竟怎样才能自我了解和读懂作品？大抵应该尽可能地走进建筑、融入建筑，不是体会空间，因为你就是空间的角色。

【24】所有创作之路只要走下去，最后的结果将会是完全一致。地域化的差异，不过是所谓文明与经济发展的副产品，每个区域发展的最后结果都会惊人地相似，地方特色不过是历史发展过程的时间同步。其实，传统和历史从来都是混杂在当代，从遗迹到遗址，从名城到旅游胜地甚至什么 AAAAA，过去与我们同在。

【25】创作本身似乎不应该有理由，因为创作的原初动机是没有目地的，当然不是指建筑成型后的利用，那是另外的事。之所以有创作谈，不过是自我鼓励，也为了积极推介，有时目的与过程及结论完全是三回事儿。可叹的是，总是想把完美的留给后人，殊不知，这种完美具有强烈的欺骗性、自我伟大感，极不真实！

【26】建筑的品质：不是规模、不是造价、不是华丽也不是时尚；大家称赞不一定值得，造型不是创作的目地，使用也并非殊途同归。于是，我在想：建筑的品质应该是评论者、体验者、使用者心智、体魄真诚试验的结果。环境的优劣、建筑的气质应当是读者品行、文明的完整体现！

内心阳光，事物就一定灿烂。

【27】混沌、模糊、无边际、复杂性、无主题的空间状态可能是最宽容、最适宜、最节约的。譬如边刷牙边看电视、边健身边思考边与人交谈；客厅大多不是客人的，多是用来放映、养花、陈列工艺品以及书房加休闲场所……公共的场所更加多元化，几乎不可能一一举例。空间兼容的多重性是低碳环保的自觉。

【28】好久没有这么晚睡觉了，规律的生活来自按部就班，平淡、严谨而又实在。规律的建筑营造产生的结果就是我们常说的：千篇一律！千城一面！其实，这并不那么可怕，特色常常来自于重复，只是这种节奏与众不同，产生于环境的此时此地，能够把握难能可贵。

【29】“以人为本”好，一个关怀、普度众生的情怀！以人为中心构筑生活、生存、生命的原本？看起来充满人性和温暖，做起来似乎是矫正当代人的镜鉴。可是，这个世界仅仅是“人”，这个我们自称的高级动物所有的吗？怎可将环抱我们的山、哺育我们的水乃至与我们同在的鸟儿、鱼儿视若无睹？本是同根生，心偏何太急！

【30】哥本哈根说：世界在变暖，这是全球的恐怖预警！于是，一堆理论家、学者、经济学家有了思辨和功名。今天，全球又来到惊恐的所谓“小冰河期”，柏林 -27.3 摄氏度，极值！中国 27 年来次低值！美国半边暴雪半边鲜花！呵呵，完美地给了我们的学者和故作忧国忧民的“仁人志士”一记响亮的耳光！该打！

【31】所谓建筑师“狭义”的运气、才气、福气，是遇到一个知道天高地厚的业主，具有历史感的规划及能理解设计的官员，而不是以天数和计件获取报酬的施工人员。除此之外，建筑师应是不以名利为首、追求高产、以量自豪的主儿。他是生命的创造者，视建筑为知己、承历史、立时代、创未来的性情中人，此乃建筑的大幸！

【32】欧洲的街区接近爱斯基摩人的冰屋了，这场雪真是及时，让战胜自然的大公们汗颜！我不是幸灾乐祸，只是看到所有可以避免的灾害都因贪得无厌、急速扩张而葬送！此刻，我看到的那雪花儿像是圣诞老人送给人类最后的礼物，那满城遍巷的雪野使城市从来没有像今天这样冰清玉洁。

【33】天下所有怀孕的母亲并不知道孩子出生后的相貌、才华、性情。她坚定、勇敢、自豪地相信：那是一个健康、阳光、向上的人间奇迹，这是何等神圣的情怀，讴歌生命是人类最伟大的壮举！建筑的产生何尝不是如此，在今天克隆、嫁接、转基因建筑充斥着我们的城郭，这样呆若木鸡、毫无表情的脸孔何时作罢！

【34】所有的歌总有结尾，所有的泪总有枯竭，所有的幸福总有尽头，所有的痛苦总有完结。不是所有的人经历了起始、完成了终结，我们是否只经历了生命中的某一个段落，章回的跳跃使得生活略显慌乱，有谁能从容地安排自己或他人？这种焦虑常常带着破坏平静而来，怎忍这煎熬带来的些许不安？

【35】如何用多民族文化、风情、环境和贫困地区设计的方法，来指

导实际，是我在新疆 26 年建筑设计中一直思考的——用非既定性的方法实现地域建筑创作的多种属性。建筑的多种属性是指地域属性、民族属性、文化属性，在建筑创作上三者如何把握？对联：渐行渐远渐无书，爆竹爆声爆无音。横批：有始无终。

【36】什么时候才能改变我们一荣俱荣、近朱者赤、近墨者黑的惯性或者惰性思维？非理性的思维只适合艺术类某领域，正常的社会应该是以理性为基础的，我不明白这算不算颠倒黑白！痛苦起来悲痛欲绝，开心起来趾高气扬。夸人可以把世上所有美好词语用尽，损人可以不惜大脑再造孬句！善待所有就是善待自己！

【37】在巴西考古人员惊奇地发现一个世界级的“蚂蚁王国”，于是，动用手段、加强警戒、小心翼翼地开始挖掘，经过分析、判断、猜测出哪里是皇后的住处，哪里是皇帝及臣民、子孙的房子，将住所和公共场所分析得头头是道。我好生诧异：人忽然和蚂蚁如此的相通！这种新闻真让人无语！人是昆虫？

【38】接着蚂蚁的新闻，播音员绘声绘色地说：这个蚂蚁王国挖出的土有 40 多吨！创造出形态各异的立体空间，平面布局合理有致……我几乎崩溃了，蚂蚁的身躯与之王国，当了 30 多年的建筑师我自愧不如！不知道是欣赏蚂蚁的洞穴杰作还是人类的自我嘲讽。诚然，蚁工是伟大的，可它的才华绝不是我们杜撰的。

【39】还是关于蚂蚁。我们总是将自身之外的世界看作人类的陪葬品，俯视和傲慢，好像这世界仅有我们自己，人类主宰整个世界！殊不知，

蚂蚁是和我们并肩一道走来，可以说，风雨同舟。扪心自问：蚂蚁侵占了地球多少资源？它们仍然活得有滋有味，倘若整个世界尽给了人类，我们快乐吗？这一点我妄断：人不如蚁——一生在快乐中劳作着。

【40】往年下雪天是明确的，开始到结束有始有终，基本上是先小后大，末了渐渐离去。今年的下法飘飘地来，忽大忽小、不知不觉、左飘右荡，树挂也是稀稀拉拉，既不优雅也不强悍，满地的雪片踩上去听不到那过去的滋滋声，城市上空蒸发着喧嚣后的浓荫，看不到天，也看不到地，不着天不着地那是什么日子？

【41】看到大侠（笔者爱犬），忽然感到原本狗是住在窝里的，浪迹天涯、自在且浪漫，勇猛、善良，挥洒天然之习性。我们悉心地把它圈养，给予它我们认为快乐生活的条件，它果真愉悦？想想也是的，我们不是也在被安排着住下、劳作、生活着吗？绝没有反义，只是面对笼子般的房子，设计果真如此得体、适宜吗？

【42】“城里的月光把梦照亮，请守护她身旁”，当今城里的月光和城里的小鸟越飞越远了，看不到月光，也听不见鸟叫，怎能有情怀悉心守护在她身旁？我们改变了世界，世界也改变了我们，人类把战争、掠夺、享

乐带给了世界，自然回赠我们的是洪水、地震、寒冷。绝对公平，栽什么种子开什么花！

【43】 蔬菜、大米要有机的，就连香烟现在也出现有机的了。上学知道第二次世界大战前后建筑巨匠赖特创立有机建筑，与现在的有机概念大致相同，这是近百年前的理论与实践，而人类文明迟滞到今天方恍然大悟，可谓不尊重朴素哲学、生态均衡发展的必然结果。从有机肥到化肥再到天价和特权才能吃到的有机肥食物，天大的嘲讽啊！

【44】 离开建筑本体、离开建筑环境、离开关于建筑的一切，瞬间的放弃就会有瞬间的得到！那瞬间的感悟、放弃的感觉、重生的愉悦……你会品味真正属于你的建筑创作王国。没有刻意设计的建筑是生活中的空间，以人开始的构筑活动是伟大的。为建筑而建筑的设计是功利、奢靡的一时快愉，毫无廉耻。

【45】20 世纪 70 年代嘉陵江的水是湛蓝的。有人捉鱼站在清澈的水中时久，麻木的大腿不由自主地漂浮上来，一刀下去，鲜血直流，不久便破伤风走了。我估计现在嘉陵江既看不到鱼，也看不到水。大早漫步在雾霾的城市中，怎么想起了蓝色的地中海？ 20 世纪 60 年代烟囱代表着城市的时代如今看来是多么愚蠢。

【46】成熟的标志就是衰老！就是倒退的前兆！就是走向激情的泯灭！今天喝酒了，很多。怕说又怕说不好，醉话，说了酒话怕人笑话，不说，又不甘心，想说呀，心有感慨，算了，不说了，在心中自我消化、自我欣赏、自我陶醉！还得说的是：人的生活是多么美好，也就是说我的朋友以及我身边的一切是多么的阳光和欣悦！

【47】有人喝酒后如诗人吟诗、似画家作画！我喝完酒像猫、猪和牛，睡和劳作！不会也不想趾高气扬地炫耀，呵呵呵，何必呢？简单的事儿非搞得那么神圣，非死即活的。准备睡了，我真想把我喝多了的实况忠实地记录下来，以为纪念。人生每个错误与正确都是那么值得自己永远留在酒醒的记忆中。

【48】应该是：所有的人喝酒后，爱怎么说就说，爱怎么爱就爱，爱怎么做就做，我做不到，这或许我也就永远不曾醉过，那永恒的美酒！追求曾经醉过的一般意义的罪过——难道今天睿智的您还相信什么罪过？当今的所有荣耀我都视为粪土！那所有的一切不过是粉饰仪表的自慰，活出本色才可能设计真实。

【49】 应该有的和别人认为你应该有的，其实你什么都没有，这恰恰足以证明你拥有所有的你。此时此刻，悄悄地、静静地、慢慢地、开心地、愉悦地、感恩地、由衷地……谢谢你身边存在的一切，可望又可及的生活，那几乎是我心中的仙境或童话！空间里无拘无束、浪漫翱翔，建筑是无形的固化代表。

【50】终于写到50了，像是对我的提醒，也像是对我的祝贺！2月8日，那是我阳历的生日，可惜的是几十年前那个粗心的户籍登记员误将2写成8了！于是，按身份证得过8月8日了，多郁闷呀！8是广东人的幸运数，可他不属于我。生活就是这样阴差阳错、啼笑皆非！不是我混日子，而是日子在无情地浑噩我！

【51】 当你伤感时，你感受到了，那是不值得的伤心。当你开心时，你没感受到，那是你的无知，生活的所有上天就是这般安排。痛苦或许多于快乐，使得你珍惜那稍纵即逝的美好，为了更加的美好，苦难接着苦难，等待你的未来也许将是一片阳光灿烂与礼花满天！我与你翘首期盼那明媚的春光。

【52】 我们需要当今所谓的建筑及建筑师吗？建筑从原初第一时间是没有建筑的概念和建筑的理论，仅仅是人做了他必须、应该做的生存场所，也许不同时代对这种场所的定义是大相径庭的。后来的后来标榜和型制以及类型相继出现，不过是次第的循序过程。所有的过程逐渐形成了标准与时尚，于是，肆意地叠加就不足为怪了。

【53】 搭构生存场所需要经验、教条的指引，但只限于制作方便和所

谓的承传。到底需要什么样的生活场所，我们没有过多研究，相反，更多的是如何快，这并不错，问题是目地与惯性的强大，没有时间去思考建筑对于人类的真实意义。仅仅把建筑当作商品，只与盈利、程序化、流水作业有关，这不是我理解的建筑。

【54】 练素描时知道了达·芬奇，他的头衔之一——建筑师；学习建筑学时，建筑巨匠达芬奇，他的称谓——绘画大师！这让我匪夷所思，建筑属工程范畴，有技术、有理论、有实践怎么能和纸墨书画相提并论？现在恍然大悟，原来我们自以为创作的、艺术的其实只是劳作！遥望达老我自愧不如，何谈建筑艺术与创作？

【55】 相信达·芬奇的第一幢建筑是“灵魂出窍”的结果，也同样相信建筑原本是实在艺术，更愿意认为今天的“建筑师”做不出真正意义上的建筑。如同在牛排上撒点胡椒，建筑创作仅仅是那可以数得过来的胡椒而已。我想补充的是，建筑应该就是那一堆，里外都真实的生活再现。

【56】 这世界让我惊叹的建筑大都是历史遗址，走遍各地没看到几个百年来的经典建筑，不看也罢。漫步在欧洲街区与乡村几乎感受到的不是当代而是历史娓娓地道来。新建筑、新农村、新城镇，难道新就一定比旧的优秀？难道新不是在旧的基础之上？难怪有人要打破一切旧道德，因为没有历史、没有文化，所以无所畏惧！

【57】过去说我是建筑师，多少有点儿自豪感，而现在渐渐地不大这么说了，大多时候讲自己是做建筑设计的。原因十分简单：我们的职称是以学校类别、工龄、业绩为标准，也许其他专业职称这么评定是适宜的，

建筑师称号不能这么理解，因为建筑师主要担当的是创造适宜人类生存、生活情致、展示文明与智慧的载体。

【58】能够担当得起建筑师称号的人，他设计剧院、火车站、宾馆、住宅、殡仪馆都应该有非常人的体验和对不同族群的深切了解与认知，同时他能文明地把握人类情感的度，又能恰如其分地把民族、民俗、文化、习惯、相同与差异等诸多因素，准确地表达出来，并能以此为基础，使建筑本体充分激发场所平静中的震撼！

【59】武断。基本可以说：不懂贝多芬不搞音乐厅；没住过宾馆不去设计酒店；不曾见过 CCTV 就不去作“大裤衩”了！也许会有人说：难道没吃过猪肉还没见过猪跑？是的，这正是问题所在，恰恰如此，引申出创造条件也要上，好一派“铁人”精神！毕竟盲从和摸着石头过河是无知却有勇气的，该到分清勇气和科学持续生存的年代了。

【60】中国的机场，是中国的？对！不过世界各地的机场也不过如此，每个国家或我更愿意说每个区域其实大同小异是普遍的，人类的传统和怀念使得每个地域更有价值。其实这种价值犹如笼子外看老虎！我实在惧怕人类的进步速度，不知道在哪个国家或区域，迟早会被我们的同类关进自己打造的牢笼！

【61】太美了，生活中的怦然心动来自每时每刻，无论开心或失落，只要想起我自己的“每天的所有都是我的最爱”，心里就即刻舒缓下来。是啊，生活着真好。建筑价值来源于自我质地，没人能帮你去理解生活，同样，也没有人能真正理解建筑！我在想：敢问设计建筑及空间的人们

如何看这个时代“跨越式”的发展？

【62】都在自由王国里创作，都想获得自由勋章，那是不可能的。所有自由的结果，使得那个懒惰的自然变得孤僻和特立独行了。愚笨与睿智就差那么一点点，其实在我看来也大致相同，皇帝与乞丐总体上相同的多不同的少，开心就好，因为你的开心使得大家愉悦。建筑设计也是如此，作品的价值来自于环境的认可。

【63】小时候，总以为饭菜里放香菜是老妈按她的口味不照顾我；上学时，张缙学师长说我的徒手画有空间的感觉，疏密相间，不可多得。我以为是鞭策，细思忖许是全班最差的草图了。其实，香菜是要吃的，大锅饭不会因为你而更改；草图画得未必那么有空间感，只是老师的空间感了得，从香菜到徒手画想当建筑师真不容易呀！

【64】关系，中国的关系了得。其实，任何事物都有其内在看不明而外在一眼看清的关系，不像以为的那么可怕和无耻。就拿建筑说事，建筑就最讲关系了，从空间到平面、构造、材料、各工种之间的关系，关系是完成任何设计的节点，不讲关系就不懂这世界组合的内在、外在事实。反言之，只讲关系会冷落个体，这很不好。

【65】认同这事很重要，乃至全国共议之、共讨之。我们就生活在集合中，其潮水般的毁灭之势兴焉，风卷残云般干净彻底！红的是太阳，蓝的是苍天，黄的是大地，少点儿气吞山河之魄不好吗？生活是平静的，像流水一般；是温馨的，如崽儿依偎母亲的怀中；如鸟儿飞翔那样的自由自在！风儿你习习地从我幸福的脸庞滑过……

【66】情人节？时间记录一下，“66”顺的日子，与平常有区别吗？花店店主高兴了，巧克力卖得多了，找着乐子花这钱买这笑，也许生活就是这样作乐过下去，明天和今天一样！1985 年的青少年宫前两年拆了重建，感到挺有纪念意义的建筑经不住诱惑訇然地倒掉，不如那小草是一种永远，不争才是最大的争！

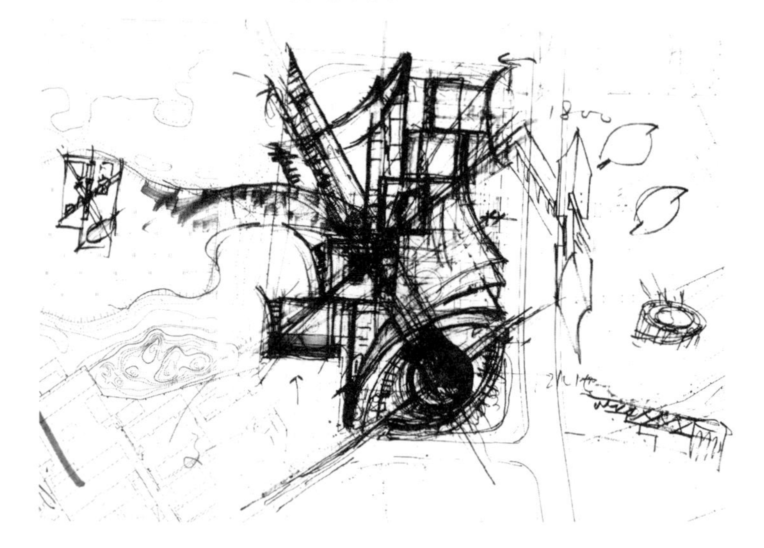

【67】夜把武汉笼罩得像是平地或废都一样，雨把车灯遮挡得似忽隐忽现的磷火，没有时空、没有环境就像没有整个世界。从黑暗中来，在漆黑中走，悄然无声。建筑的空间一如常人说的样子只是白天的传说，颠倒了的黑白一切须从头说起，谁来说？怎么说？说什么？这不重要，重要的是被要求说和做！这很无奈，不是吗？

【68】人活在新陈代谢中，都说建筑也有生命，果真？那岂不是一件十分恐惧的事！多年积累下来的建筑垃圾和丑陋的形态至今仍在涂脂抹粉，顾影自怜，令人毛骨悚然。长此成为规律与习惯，优秀的建筑也许

成为另类，坚守着过去的辉煌是没有出息的民族，警惕教条主义、经验主义正在大行其道。

【69】每一个时代，总有属于那个时代的故事，不论酸苦与甘甜，它却属于命中注定的，命中的就是生命的一部分，我会好好地珍惜它，面对它，拥抱它，热爱它。是经验者图省事告诉后人该如何建筑还是好事者没事无聊找乐？建筑的初衷我怎么也想象不出和现在相关，方的、圆的、任意的。

【70】166.47万平方千米的新疆，基本没有人对近代建筑进行系统的研究，这要拿出勇气，客观、公正、严谨地予以评估，虽然很不容易做到，但愿有人关注。离“主流社会”远了也好，清净。这得有胸怀，别老惦记着“集合号”，怪闹心的，寻找吹号人多憋屈。来了、做了、走了，干净利落，并非都为自己，这叫“心安理得”。

【71】越来越多的人说：日子过得真快。是的，因为我们不再单纯，每天都面临着各种各样事件的发生与解决，哪里像小时候追求的执着和单一——也就是天真，若再天真就有点儿可笑了，现如今过得几乎无话可说。既然来了，总得做点儿什么，什么又叫好事呀？一个接一个的有时真是要修到无为境界方有为啊！

【72】习惯了生活的空间，也就认定了真实，房子就该如此。放任，还是束缚，孰是孰非？不去说了。我家的大侠住在方方的空间，现在看来它每天无忧无虑，可能开心地过着。人类生活在当今社会，我猜想一定有一种无形的控制，直视我们的开心与痛苦，让我们搬来搬去、大拆

大建、日新月异，最终恢复平静。

【73】 对历史知识的欠缺，中国传统文化和现代文化知之甚少，更不用说国外了。所以大多记忆是些自然的地质地貌和人文之类的感官刺激，比如九寨沟、张家界、神农架，还有故宫、秦始皇陵、长城什么的。国外能想起的就更少了，埃及金字塔、爱琴海、摩纳哥、京都的樱花、罗马的残缺建筑和斗兽场……没看几个建筑，幸好，更多的民间建筑填补了我仰视的空白。

【74】 悉尼海岸那片片草地和土著民们让我难以忘怀，标牌“我是人类的朋友，请到我家做客”，这小草呀着实让我感慨万分，做客草地人家游弋于市井。在当今真把金钱视如粪土的人有么？奔着过好日子的人不在少数，熬日子得有钱，只要干净就好。我不是草，只有做客的份，客要有文明与礼貌，这是起码的修养。

【75】 还有那一片蓝蓝的爱琴海、座座青山、毫无斑斓的白色街巷，不热闹但好美。悠闲漫步、匆匆过往，形形色色的人在无拘无束的时空里表现着不一样情怀。也是的，猪也有伴侣，不是在海边捧上爱“情”之水，那真情实意、暖暖的爱意就有了？不信。有爱有情自在胸怀，山水有情人亦有情才是。

【76】美国没去过，有机会但不想去。马尔代夫也好，只是听说太悠闲，怕从此懒惰下来，当然南极、北极太冷，我喜欢热。新疆的南部就很不错，温度很适合我，也喜欢那里老乡自建的房屋，随性而又实在，想不通喝涝坝水也有长寿村，“适应了”，这是个好的解释，我们是不是也

适应了今天生活的一切？适应了这 PM2.5 ？

【77】见过陕西终南山的人，好像读万卷书行千里路并不满腹经纶，倒是终年蜗居清心寡欲之人见山见水，原来思想和行为并不同行。思想者可以成为实践者，实践者真不一定能成为思想者，很多事物并非都是可逆的。这种不可逆造成了建筑创作的纵向思维，勇敢而又固执，有时尚有几分鲁莽，思想的射线成就了无法挽回。

【78】中国词汇据说源远流长、含义深刻。下半年又到了“城头变幻大王旗”的时节，此时各路人马正在忙碌之中，常年下来也经不起这等折腾，说法不同，实质没有什么变化，就拿建筑说事儿，“立时代之异，标地方之新”，不过是权当符号、口号罢了，“异”的欣欣向荣、“标”的繁荣昌盛，可就是实事求是不在其中。

【79】其实犯不上道来：乌鲁木齐原市委旧址建了 4 幢百姓说的摩天大楼，于是城市标志红山成了土丘，鉴湖变为澡堂，道路变成停车场！天山牧场犹如“天山墓场”，干得何等好啊，良心可鉴！怪不得 PM2.5 含量超高，也怨不得风雪雨雾，也别扯淡人口太多。轻了说脑子进水，重了讲这是犯罪，我那可怜的赖以生存的土地啊！

【80】迄今还在为没参与喀什历史文化名城的改造而庆幸！难以想象雅典卫城拆了建宾馆，金字塔毁了建工业，罗马教堂变超市！历史传统民居拆了原址再建，这是修旧如旧？这是城市更新？这是历史再生？既不是“旧瓶装新酒”也不是“新瓶装老酒”，这是毁灭！传统是亘古自觉与不自觉的自然繁衍，娇美碰不得的。

【81】没有阴霾的天是不正常的，就像喝了泉水发现是假冒的“农夫山泉”一样，习惯在不正常的空间和环境中生活，真的事物都变得那么假，还有真的吗？动物活着自由自在，高级动物的人却活在自我编织的樊笼中，陶醉在自我奴役中。我想说的不是政治和国家层面的话儿，而是自我修养与情怀，一点哲学两点文化三点真诚。

【82】明天是个凶日，看什么宜或忌，中国传统文化博大精深、放之四海。大概依山傍水、因地制宜、顺归自然，断章取义代表阴阳风水、八卦太极，没敢想当今风水之盛竟非指点不成、非吉日不礼、非讲究不得。道也风水、佛也风水，洋讲究、土说法，唯物变成唯“悟”了，“悟”风水者得天下，指点江山居然还得仰仗风水大师。

【83】大巴扎就是大巴扎，不是加了“国际”而闻名遐迩。它是当代杰出地域建筑的代表，这种评价来源于其建筑内在的哲学性、思想性、逻辑性，作者举重若轻的超然创作态度跃然纸上，游刃于天地民众之中、畅想着阳光、月亮和那美好的平民生活……

【84】原来中国的最美、最佳、最强的评选是网上投票呀！这很公平吗？国外是国家层面的直选，每个人都会为自己美好生活慎重投票，娱乐甚至几分滑稽的竞选也不过是某些利益集团干的勾当，有严格区别。我不能说外国人素质比国人高，真诚倒是能看出几分。感动中国也只是感动了那么几分钟，之后该干嘛干嘛。

【85】一大早，人们开车急匆匆摆脱身后乌烟瘴气的街肆直奔阳光明媚的南山，说来让人心酸，仅仅是为了那本该无时不刻温暖我们的阳光

和新鲜的空气，在过去是没有“新鲜空气”这个词语的，空气是有定理的，现在真把空气也分为三六九等，看来等级会伴随我们的一生。谢谢，能否还给我一个洁净的空间和一束明媚的阳光？

【86】前几博真有点“驳”，这也费勇气呀！今天又有朋友发现了《玉点》属性，呵呵，罢了。从今天开始不再隐名埋姓，也好每次博得更真实、更认真、更阳光些。每个人都有不足，也许这个缺憾造就了你的成功，使得你更加自信和坚定，愿意用你的片面促进自己全面进步，记住：这是需要付出虚荣的事，不再虚伪真追求！

【87】为什么人的头在上、脚在下呢？其实脚和头没有什么区别，都是人不可缺少的部分，试试名称改变、器官部位颠倒一下感觉如何，想透就释然了。建筑的檐口、墙身、基座一样，换换习惯思维和当然理论，也许更能创作出符合当代精神的建筑，也就有新生活的创意。尝试一下放弃的感觉，特别是早已熟悉的环境。

【88】大多为创收而设计，目的明确的收入和成本的减法，当单方收费尚可就要追求规模了。通常数量威力巨大，薄利多销呀，呵呵，应了“萝卜快了不洗泥”会有好货吗？改革初期施工四天一层为深圳速度，现早已不在话下。难怪看到伊瑞克提翁一直在修修补补、慢慢腾腾地维护，这种态度还算进步？皇上不急太监急，品质！

【89】被古丝绸之路驿站的故事所打动，新疆泽普县县委书记陈旭光说：老刘，你就按自己的感觉、意志设计吧。这差点没让我激动得流下泪来。在我看来尊重、理解、民主得到了很好的诠释。尽管路途遥远，工地却

是我的向往，有个泥巴做的建筑在泽普的胡杨林旁，有空大家可以顺便看看，多提意见。

【90】村里的人都进城了，于是我的老家随着岁月的流逝和城里人下乡的开发，仅仅剩下依稀朦胧的儿时记忆。我曾祖辈曾走过的罗锅桥、宗祠边的荷塘、门前的那棵老槐树……在今天就连痕迹也找不到了。没有过去，也就没有了未来。

【91】遗产变成了财产，如此，物质与非物质文化的存留已失去原有的文明与孤傲，我们区区百年就把世界“旧貌换新颜”！诺亚方舟盛不下整个世界，我们却能为打造方舟尽自己的所能，但愿我们的劳作与心血能够浸入这梦幻之舟，也许有一天它能给人类带来希望连同此时我灵魂的全部……

【92】借用电影台词：“出来混，总是要还的！”朴实而真诚。想想身在西域 30 年，没“混”，也就不“还”。继续与六分之一的戈壁、沙漠为伍，顺应自然，服务环境，自在得不得已，只为生存需要的空间，是一件多么值得追求与坚守的事儿。存留荒芜、停歇脚步、享受清风阳光，小城大爱，也许这就是生命的伊甸园。

【93】玛雅预言或是电影《2012》，常常被当作末世符号来使用，这注定了它的不同寻常。电影中的火山、地震、洪水、海啸，现实中的生态灾难、政治纷争、宗教冲突、道德沦陷，人类陷入焦虑之中，预示着一个反思时代必将到来。是梳理过去、构想未来的时候了！建筑的“大繁荣”必定引发大萧条的提前到来。

【94】初见毛远新，真是非常偶然，朋友说：晚上坐坐怕我不来，称可拜见年已古稀的毛远新先生，待客的主人将我安排在李先生的右手边儿，拿出“芙蓉王”递我一支慢慢说道，“回忆总归是回忆，那时那景根本不可能真实地再现”。

【95】运用各种设计手段来构筑空间，具有一些本土元素，使它神秘、独特，独特的地域文化，到达一种新的、原创的建筑目的，建筑是多元的，是各种意识的叠加，是一种历史的、现代的、未来的混沌体，是一种生命运动的状态，这种状态常常被人们自豪地误以为是自我心中的理想建筑，相信可以不由自主地获得自我释然。

【96】相对于经验和成熟，我觉得青涩更可贵，现在好像很难找到青涩了。苹果、黄瓜、葡萄，再不像以前能够尝出青涩淳朴的感觉了。那一口我不敢咬，那一层霜我不敢摸，因为那上面的一层霜不是它青涩的本质，一层覆罩在果实上的杀虫剂，青涩的那一瞬我不敢拥有，因为那果实蓄积着膨大剂。没有过去的淳朴青涩，还有年华值得回味吗？

【97】当兴趣与劳作画等号的时候，注定一生都是充实的，西域的建筑创作，犹如在路上行走最后达到的一个遥远而又向往的目的地。不同的建筑创作观，循着丝绸之路浮想联翩。环顾四周是不尽的荒漠戈壁，时时潜伏着各种各样的困难，应该赞美决心在此干下去的建筑师，等待他们的也许是漫漫长路的孤寂。

【98】我，努力在沙漠中建造属于自己的沙漠建筑，努力去解决空旷、寒冷，炎热中的人们生存所需的空间构筑，努力去安抚自己本不属于沙漠村庄的烦躁之心，也请人们用宽容的、欣赏的目光来鉴定，特别是沙漠人和他们在大漠孤烟中构筑的属于他们自己的建筑。

【99】1983年10月17日，星期一，晴。一大早，我们就向少数民族主要的聚居地喀什出发了。汽车颠簸了一天，一路上不时可以看到一些规模不大的村落，尤其是薄雾中见到零星的小村庄，想到诗人易寿松写的"戍楼几处挂斜阳，萧飒风生夏月凉。数点牛羊归欲暮，两三户口即成庄"，慨叹不已。车到喀什安顿下，天已漆黑一片了。

【100】如果一个充满活力的强势文化掌握着市场，尤其是它发现了能让文化赚钱的机会，它会毫不犹豫地炸毁其道路上的任何障碍，而且通常，其残忍程度与一辆军用坦克轧过一群鹅没什么两样。我们好像总是以一种偶然的方式生存着，如果人类在这个星球只生存数年，或者最多数个世纪，那么这样的所作所为或许可能被理解。

【101】泽普胡杨宾馆实践的希冀：创造一个以低技术与适宜性技术相结合、尽量减少对周围环境破坏、符合生物圈的良性循环为目标的建筑。也同时在人们关注建筑本体时，满足人们对生活品质的追求，建筑创作的本原来自于自然，我们的建筑只是临时借用环境的恩惠，也许建筑应该"被设计"，自然是设计师。

【102】地上郁郁葱葱的草，那是土地存在的理由；屋顶长草那是岁月留下的情种；墙上长草，这就有点难度，特别是泥和草在中央电视台大

楼、大剧院等辉煌建筑作为材料来使用，就显得另类与不可理喻了。用砖来当骨架，用草泥和当地维吾尔族农民一道抹外墙，凡是进入工地的材料和用剩的废料都重新进行利用。

【103】传媒大多喜好理论与潮流的文章，这有着很深的历史背景。在未开放的国度中，人们坚定执着地按自我信念生活着，但当国门洞开，现代建筑蜂拥而入，还未站稳脚跟后现代又来了。其实理论的形成是需要实践检验的，大跃进式的“拿来”从历史的角度来看过于匆忙与浮躁，急是不能跨过必须经历的体验的。

【104】本来时空是连续的，由于西域文化的特殊性，在冷与热、大与小、火与水的层面中，常常存在界面的多重复杂性。问题还是在于不确定性，而有时境况大多并不是非黑即白的情景。其实，混沌的状态也是一个明确的场所。一个混沌的过渡区些许弱化了西域建筑的独特性，但又有什么理由排斥合乎过渡性的建筑呢？

【105】在新疆26年建筑设计中一直思考——用非既定性的方法实现地域建筑创作的多种属性这个问题。建筑的多种属性是指地域属性、民族属性以及文化属性，任何一个国家或地区都不可以模仿或效仿另一种模式，也不能被强加一种模式，要鉴戒，要学习，要创新，要根据自己的实际情况走自己的道路。

【106】小时候，幸福很简单；长大了，简单很幸福。小时候，浪漫很奢侈；长大了，奢侈很浪漫。小时候，梦幻很美好；长大了，美好很梦幻。小时候，理想很坚定；长大了，坚定很理想。小时候，迷惘很遥远；长大

了，遥远很迷惘。

【107】知也好，不知也好，一夜飘飞的雪花把房前屋后遮盖得严严实实，只剩下黑漆漆混凝土块里的闪闪灯火，远处传来汪汪的吠叫声使人感到生的存在。自然就是这样了，规律而又无常，生活其中无常是人类的本性，规律是制约本性的必然，作茧自缚也许是最终无奈的选择。火红的烛光啊！就这样慢慢地燃去直到最终一缕袅袅青烟。

【108】安藤忠雄：中国建筑的好处在于决定很快，每个项目定下来就马上去做。在中国似乎非常简单，这个怎么做？就这么做！然后就开始切实着手进行。但是在日本的话，这个项目要怎么样，那可能某方面需要好好想一想，就过了三个月，又有一个地方需要想一想，可能就又会过三个月，这就是两边的差异——得便宜卖乖。

【109】那个日本人叫河村什么的，听他爹说1945年中国人对他这个“战犯”很善待。而名古屋市长居然说，不可能发生南京大屠杀。几十年历史竟然肆意篡改，不惜撒弥天大谎！难怪我看到奈良所谓古村就是用墨汁加烟熏造假而成，那个京都金阁也不过是我们长安沉香亭的仿造，历史啊，怎么这么软弱！

【110】第110条了，屋外大雪纷飞，110警察们还坚守着维护城市的职责，辛苦了！最近正在设计110培训基地，可得把这份情谊做足、做好。其他城市的基地看不出什么风格，甚至好像不需要建筑师似的。但务必在设计中讲究功能、适用，满足心理、生理的需要并加以合理有机组合。一切以需要而展开布局，让人感到那么细致、完臻。

【111】关于“111”的光棍。剃度是一种形式、一种追求、一种结果；当代建筑有了“剃度”现象，说来就是形式的无限膨胀，以至于假和尚欺负真僧人。追求所谓的境界、至纯的感觉，尽管从未善良。希冀得到常人所不具有的结果，就连自己也不相信此答案。也许建筑早该打假了，看到五花八门的遍地坐标真是让人开眼界了。

【112】家长们教育的缺失，独生子女人生的误会，泯灭了每个人独有的天性！我以为创作也是如此：经验和积累往往是成功者荣誉的捍卫，希冀点亮孩子们的路途，使之阳光一片。殊不知每个人都属于他自己，每座建筑在创作的开始就有了它生命的意义，我们要做的就是呵护、赞美这生命的力量和鲜活的情感。

【113】设计几百座楼、还获不少的奖，可我心中还是怀念：两层木地板带阁楼，老虎窗有门斗，前后院自来水加大厨房，电灯双层木窗的铁路局前三街那些过去的房子。冬天晶莹的冰柱可以解渴，拿着烤得香黄的馒头到了教室还是热的；夏天傍晚凉棚下的方桌几乎是我吃过酒席中最棒的环境，房子呀，我说还是老的好！

【114】看到垃圾场大片完整的镜面玻璃、崭新的铝合金门窗、完好的合页、成堆的木材和各种管线，不知道该说些什么，我们真是“太富有”了，只要投入小于收入什么糟践事儿也不在话下，市场经济原本也不是这样呀，这和吃饱了砸锅有区别吗？抱怨天地不公怎么不去珍惜不多的资源？可叹仁慈的上苍居然没有一点儿报复众生的企图。

【115】席间，有官员总结，在西域有三种文化取向：其一建筑要现代

化的高楼大厦，其二要民族特色浓郁，其三要充分表现西域的概念。问得我好生怪异，标语、口号、旗帜鲜明本该是 20 世纪的事儿，世界上关于文化的解释约有 164 种，这般归纳值得商榷，就我来说：西域是一个文化的混沌之地，涵容为好。

【116】真是匪夷所思！四方打探、金钱收购竟是为了使建筑具有历史感和传统文化内涵，这种喜爱之情实在是——抱歉——不敢苟同！把传统文化和历史经典异地安置，换个环境就有了新的“生命”？还是文化匮乏的当代“土豪金”，也巧了，篡改历史大多不是无知，而是另有所图！净化当代精神就是传统。

【117】建筑是界面或标志，本来完整的空间根据不同的目的被划分成所需的形态，由于划分的准确性、必要性出现了不同的立场，重要的是可以认真推敲。产生的界面上附着了形形色色的不同宗教、种族、文化和国家意志的标识，传达给公众的实际上是广告。界面的内部基本上被个人自主化，随心所欲是主题。

【118】既然建筑的本质是界面，那么它的移动和更改应该是比较容易的，习惯势力的原因、成本的约束，我们基本上采取容忍的态度。为满足这种移动和更改便需要将空间做得复杂些、包容点、易于拆卸，也就不难理解建筑的立面和内部的不断变化，此时建筑只是一个支撑的架子，所以城市的风貌来自于城市的文化。

【119】城市文化及文明是如何产生和持续发展的呢？需要和追求满足基本生存之后欲望的再扩展，资源占有把国家强化，战争是解决问题的根

本，战胜者的文明就是时代的文明，生存下去就不得不跟着“新文明”的需要，城市的最终精粹是在每次改朝换代时发生的，这并不奇怪，绝大多数是归顺的，建筑师也不例外。

【120】“城市精粹”是变革期界面，城市风貌就是不同时代的带状衔接或点状的缝合，阅读城市，我以为大抵认真了解那缝合点就可，其余基本上是自然的繁殖，也叫泛滥。可以说，起主导作用的是极少数，精品稀少，滥竽居多，这不怪大宗商品建筑过多，因为历史就是这样，并非时时都造英雄，大师的出现是有条件的。

【121】上一篇是第120篇，恰巧说的是城市缝合，看来城市需要120来抢救了，空间、空气、交通、生态环境，还有单体的建筑。医学院、“老新”成为“最后的晚餐”了，南门大剧院、明德路银行摇摇欲坠，时代建筑大巴扎我猜想以它的无形资产谁不垂涎三尺？不用说传统和拯救遗产了，能把当今建筑维护好就不错了。

【122】上篇是第122篇，原地踏步的口令就是“121”，是啊，原地踏步也是一种运动，很有生气、节约场地、节奏分明，顿感城市原地踏步不也挺好吗？世界许多国家不仅仅原地踏步而且向后走、向后看！走什么？看什么？不是每次前行都是进步，更不能简单认为新的就一定比旧的优越。优秀的建筑不适合“以旧换新”！酒还是陈的醇。

【123】童第周，1902年5月生。一天，发现石板上整整齐齐地排列着小坑。咦，这是谁凿的呢？父亲笑说：“这些坑不是人凿的，是檐头水滴出来的！”“爸爸骗人！檐头水滴在头上一点儿不疼，那么硬的石板上敲出

坑来？”父亲道：“一滴水当然敲不出坑来，长年累月不断地滴，能滴出坑来还能敲穿洞呢！”

【124】张缙学先生，我入门建筑学的恩师，西安冶金建筑学院城市规划、建筑学教授。他在我国最早提出黄帝陵陵区规划设计构思：“认识并利用大自然固有的气势；不靠建筑规模和大尺度。对山川形势的提示尽量少用建筑物而多用坛、坊、碑、路等。这是取得古朴肃穆效果的重要前提。”（录自张缙学的《黄帝陵陵区总体规划设计构思》）。

【125】文天祥（1236—1283 年），吉安（今江西）人，南宋杰出的文学家，宋理宗宝佑四年（1256 年）考取状元。我自幼熟颂《过零丁洋》一诗：“辛苦遭逢起一经，干戈寥落四周星。山河破碎风飘絮，身世浮沉雨打萍。惶恐滩头说惶恐，零丁洋里叹零丁。人生自古谁无死，留取丹心照汗青。”

【126】关于房子的意义：在地震频繁发生的区域，如伽师县，一年总得预报几百次，几年也要一遇全国都要知道的震级。人们像是生活在草席当中，一会儿抽来抽去，建筑如筛沙子一样，今年是张家的房梁，明年也许会在李家的屋檐上，当然也有特殊材料板房之类的“抗震房”，建筑是凝固的音乐？建筑是石头的历史？还是永恒的丰碑？

【127】辛弃疾，南宋词人，历史上伟大的豪放词人和爱国者，与苏轼齐名，与李清照并称“济南二安”。曾有人这样赞美过他：稼轩者，人中之杰，词中之龙。代表作《南乡子·登京口北固亭有怀》：“何处望神州？满眼风光北固楼。千古兴亡多少事？悠悠。不尽长江滚滚流。年少万兜鍪，坐断东南战未休。天下英雄谁敌手？曹刘。生子当如孙仲谋。”

【128】文化，特别是传统文化现今不是遗址就是遗产，城里的历史都被现代化了，只剩下没来得及文明的乡村，即便如此，村里的物质与非物质文化的传承，早已是进城打工的人们避而不谈的“落后”了。乡下人进城争过现代日子，城里人忙着采风和去农家乐，旁边还有些寻根问底的“专家”和兴趣爱好者，互动着。

【129】书不是看的，是装的；建筑不是用的，是看的；评奖不是评作品而是评人的。最古老的山脉并不意味着海拔最高，超级都市并非是城市典范，一个适用于全世界的真理“一个国家的国库越空虚，其建筑的制作就越精细”，时下“建筑精品越少，地标式的建筑就越多”，今天的书还有人认真地去看吗？

【130】“小小少年，很少烦恼”，也许是岁月是烦恼，过多了日子烦恼叠积也就成堆了，这不是自找的吗？原本每天都是“小小少年”，为什么不“很少烦恼”呢？于是，我让每天都是新的记忆，把每天的过去忘掉，天天年少、月月阳光、年年无悔。无怨无悔就是幸福，无忧无虑就是阳光，无影无踪就是境界。何乐不为？

【131】当代日本新建筑中，很可能最重要的一点是：现在居住在那片

土地上的人没有什么自己原产地的历史，所以不会被过去传统所拖累所迷惑，因此，也就没有什么历史包袱及累赘，可以前进得比其他民族更快，因为其他民族不管去哪儿都必须先把祖先的独轮车推上。

【132】我一直信奉创作的“非既定性”，也可能是我还不怎么了解这个社会乃至建筑，于是抱着走一米照一米的寻觅态度，既不想成为洪流中的沙泥，也不愿成为挺立山头的孤树，晓得过去、摸得着现在、看得清未来。平实中实践不假想“胸有成竹”的设计，没有底气也许更加战战兢兢地对待创作，我想应该这样做。

【133】“133”，我用了 20 年的工号，只留下属于我自己的回忆。如此引发建筑常常被标示着、追逐着、更新着，可它还是那个建筑的原本，一点儿未变。工号、名称可以任意变换，可不变的是自我，这的确很荒谬。这世界上唯一不变的就是变化了，问题太复杂了，忽然想到量变到质变的飞跃，怎么又涉及哲学了？

【134】共同的识别性固化了事物自振、自摆的特性，那还得回到非既定性上来，大抵从不确定立场出发寻找确定目标的过程是幽灵般的，任何确定的目标不会终结，结局仍然是不确定的，此时目标最多也是一个概念。始于非既定性结束于混沌，不确定的，追求得到的是似是而非的结果，看似荒唐，实则是

事物本真的烙印。

【135】“135”，与照相机、胶卷，甚至整个社会发展有关，老照片——过去发黄的照片可能成为历史古董，现在没有任何图片资料不是崭新得像刚发行的人民币一样，中外传统、历史在今天大放异彩！从古堡、从深山诱发出无穷无尽的古今传奇故事正在帮我们诉说当代的一切。

【136】关于“135”的事儿没说完，现在讲究的是全画幅、像素点、定焦什么的玩专、特异。是啊，导弹的目标越来越清晰了，人的那一点儿隐私基本没了。高技术带来全透明，呵呵，阳光呀，我们自豪地说：科技使我们成了透明人！人啊，人还是不要在外玩得太久，收不回来可真让达尔文恼火——人是怎么变成猴子的？

【137】建筑是均好性会集的“物”，说它是空间也不反对。何为“物”？空间与空间之区别的标识就叫“物”。通俗讲：建筑的产生源于众多因素，创作精辟来自于创作者的修“物”水准与机遇。不是所有的“物”都能成“形”。

【138】再写一篇就到“139”了，这是最早一批手机的前三位，大约是20世纪90年代的事情，记得得到这个号还是费了不少的功夫，至少正厅的干部才能拿得到，我不是，但却得到了，那是在广州，卖到7万一个号，很吓人的，下了决心拿到了，迄今还在用的这个号。现在不用钱也能得到号，变化令人目瞪口呆，图强的事最终也未如愿，怪谁呢？

【139】20世纪80年代设计的工会大厦避免符号堆砌，借用数学中极

限概念：当 x 值一定时，$n\to\infty$ 时，$\lim\limits_{n\to\infty} x/n=0$，即 $n\to\infty$ 假定 x 为建筑总体，n 为建筑的手法，当 n 越大，则 x 的效果越不明显。运用体量权衡，大与小、高与低、圆与方、竖与横等对比；色彩采用明与暗、冷与暖、刚与柔、韵律、节奏与高潮等概念。

【140】 占国土总面积六分之一的新疆充斥着戈壁与绿洲，丝绸之路是商贸、文化比较与差异的结果，虽历代都曾关注和难以割舍，但真正意义上的国土完整与统一，还是20世纪中叶王震将军屯垦戍边，湖南湘女、四川汉子、上海支边青年、三五九旅转业及四面八方大学生们与当地民众共同建设这里的时候。

【141】 谈到传统比较多是赞美，这是出于对历史的尊重，传统留下巨大的人类智慧结晶让后人少走许多弯路。传统也随着时代变化、发展。有时，对于传统表现出的敬意是出于一种近似于宗教的原因，把人们的感情纯化了，传统被盲目地当作神圣不可侵犯的东西，最后便成了一种习惯性的凝固意识与教条，而人则成了它的奴仆。

【142】 从古巴比伦的拱券到古罗马的穹隆，从古罗马的穹隆到拜占庭的帆拱，再从这穹隆和帆拱到哥特式的骨架拱券及飞券结构，无一不是后者对前者的继承、发展和突破。传统起到了承前启后的作用，传统的发展与生产力的发展一样，是缓慢的、一脉相承的，对建筑的发展起到了启发灵感与指引方向的作用。

【143】 1988 年作家海南冯湃写到我：“灯下，一张刮得泛白的脸和一副不太修长的身材，说不上潇洒，但有种耐人寻味的东西。明天，又一

个伟大的设想孕育于他心中，我们暂且不惊动他这美好的梦吧！ 从西安到新疆，又从天山飞到海口，他在努力实现着我们这代人这个世纪的梦。哦，不是云，他是那漂泊的风……”

【144】 干枯胡杨和死去的白骨，那里曾是今日的辉煌？风来聚山，风去沙散。赞美沙漠犹如游客对传统历史与建筑的嘲讽。慕士塔格白雪皑皑，这座古老而历史悠久的山峰一直沉默不语，如今它俯瞰着建筑的垃圾和广告，寺庙院内的神像也被漫步小径的游人们乱扔的罐头盒砸坏了。但是，慕士塔格知道，总有一天这些会结束的。

【145】不用担心，不用寻找已过去的历史，它原本就不属于当代建筑，也没有人会把传统建筑当神供奉，只是起调节作用，中性词也叫调情，更好听点儿叫情调。这种矫情的文字我们都已习惯，失传已久的和正在丢失的，看得见、摸得着，像摔倒的老太没人愿扶，这怪谁哦！真正的学者都饿死了，可怜正在饥饿中挣扎的保护神！

【146】 有时地域的偏远、文明的迟误也许真是一件幸事。老城正在消失，有一首歌其中词歌大意是这样的：“路过的人早已忘记，经过的事已随风而去……从终点又回到起点，才发现又是一个新的陌生。”衷心祝愿沙漠中的城市依旧大漠孤烟，这难道不美吗？充满人情、民情、温情的小城难道在 21 世纪还不算最后的城市吗？

【147】 平常的事就是非既定性的自觉和不自觉的一种行为，是万千思绪中混沌的一瞬。既定的行为与心理方式是教条的，是约束的，是每个人所厌恶的；既定的方向也是索然无味、毫无生命的；既定的理念更是

摧毁人那最为美好理想的刽子手。非既定性充满了创造和奇迹，并存在于我们生活的周围，给人们以希望。

【148】“真”是“有”，“真”也是“无”。“有”和“无”构成了空间。还要考虑“实”，空间不仅仅是一种状态，更是一种人类活动环境的场所和秩序，从某种意义上讲，“实”具有“时间”的概念，而“时间”又无所不包。一切物质的和非物质的都在时间运动框架之下，有一天时间停下脚步，所有的秩序和辉煌都化为乌有。

【149】真诚地面对现实。方案又一次地被要求：“夺眼球”“二十年不落后”，还被没有任何建筑和规划的知识，更谈不上水平经验的人“指导”。根本不能与之交流，这是一件很难说明白的事，如果反复推敲是一种职业精神，不断否定原初的路线，也许这才是建筑师应具有的最可贵的品质——不为回报的设计。

【150】若“主义”“理论”没人信仰、没人理会的时候，百花就真的

齐放了？当社会进入到一个相对宽容、民主、自由的时空中，个性的张扬成了主角。建筑的个性化的极端表现就出现了“我能”“我的语言”“我的行动”“我主张”了，这是必然？还是大祸临头？明明白白做人，清清楚楚做事，我却在混沌中耕作。

【151】经线和纬线在地球形成的网络，使每一块地都具有各自的地理属性。人为的方法表述了客观的环境存在，以一种固定的形式确定着事实上并不确定的模糊、动态、变化的地域。据此引申诸如文化、经济发展的异同，网络时代到来，事物边界模糊化，数字化扩展等，都正在改变着我们原以为确定的建筑环境和场所。

【152】每年都有目标，与收入相关的劳作是一般意义的价值，为实现价值而创作，本身就违背了设计师的职业精神，也不可能有纯净的塑造空间，追求什么，这始终是一个问题。天下没有两全其美的好事，“事半功倍”只能在汉语词典里找到，这也许就是取巧甚至妄想不劳而获的起因。行、做、勤、技，重在“德”。

【153】眼看万把人的小镇似乎就要变成通往博格达峰的大道，提心吊胆这得“发展”多少年才能“星罗棋布”。刚才《新闻联播》说：今后村镇要保持原始风貌。就在今天以前还在改造的跨越中，刹得住吗？再回到“原始”，习惯得了吗？闲人捏一把汗，看看风景如何展现，人可以不

动脑子也可以不作为，怕的是心不善。

【154】建筑的“变异”，从功能明确的要求出发，达到一个复杂而模糊的目的，这反映了当代人们对空间的不确定性和建筑本身的物质与精神意义的混沌知觉的本质认定。社会需要的是标志性、地标性、唯一性、轰动性和感觉与风水确定标的。没办法，一点儿办法也没有，建筑创作非既定性在新时空中不得不重新再思考。

【155】不得不对建筑创作的思维意识、行为方式进行反思，重新认识工蜂筑巢的随机性创作动机与无意识构筑的灵念。真实意义是否始终在瞬间驻留的那一刻？创新的本身是否意味着不断增生与激发的过程？是否暗示着创立的过程即是一个破坏的经历？甚或是新建筑的诞生意味着为一个新的衰亡而做的前期准备？

【156】“时间”概念是空间坐标的主体，离开了“时间”根本无法表述空间的完整。建筑随着时间的“变异”具有强烈的不可预见性，这种非既定性成为建筑创作不可替代的唯一“永不褪色的旗帜”。不必为没有既定的构思而焦躁，去寻找制造模式和创作规则，以表明自己创作所依托的历史根源与传统法典的正确性。

【157】理性世界里树叶是绿色的，太阳是不变的红色，甚或绝对真理的一加一等于二，人是娘十月怀胎生的，然而现实所发生的事件：基因研制的结果为植物叶子可以是白色的，非理性概念中的太阳并非一种红色，一加一也许不等于二，孩子并不都是娘怀胎生的。用理性去理解勉为其难，非理性去解释更能准确表达其完整的含义。

【158】如果说冰山一角露出水面的物理属性是人们认知的理性再现，那么这远远不能够完整地表达整座冰山的全部含义，而运动的和化学的变化以及人们还未认识到的事物内在，构成了对冰山整体的非理性认识。一个事实是不可能和另一个事实矛盾的，因此，理性与非理性并不是一对矛盾，理性的道路离我们还很远。

【159】必须学会居留在“暂时”之中，习惯于被“代理”，适应一种最终必须加以驯服的“不确定”。应该可以提出一种替代“形式”与“功能”，从而可能表达空间整体概念的媒质，尽管两者有着不同概念，甚至含义上存在着某种不可调和性，却可以通过“代理”，使它们的矛盾显得模糊，而显现其真实的本质。

【160】人用心灵去感知，但在感知的时候并没有俯视观察自己的心灵。“每天的太阳都是新的”，每一时刻人们的思维都在变化着，死去的和再生的细胞，构成了人类对事物不确定认识的基础。所以定义般对空间的界定和解释，无非是给工厂里技师提供图案或“空间”目录，重要的不是给出答案，而是问题的提出。

【161】也许我们已建立的“这个空间”是不变的，变的只是人的大脑思维。这在非物质社会里一点儿商量的余地也没有，问题还是出在我们人类自身。也许我们能做的正像杜尚在给蒙娜丽莎加上两撇小胡子，说声“我做过了”，这一瞬间或是在表达个体的人在社会中的地位和坐标，建筑师的作用仅此而已。

【162】“我来了，又走了”，这也许是永远不变的真理。理想的彼岸

是非既定性的，旧有的秩序不可能统治永远，变异才是时代的需要和必然，物质社会或正在走来的非物质社会对设计“貌合神离”。斯宾诺莎创造了名言：“心灵的本质在于以某种无始无终的观点来领悟事物”，“悠悠此追求，变化终无极”。

【163】沙漠与海洋、荒原与绿洲基于生命一体化原则，死亡正如诞生一样，只是由一种生命形态变成另一种生命形态，死根本不是构成生命活动的最终结果及完全简单的消灭。这种人在秩序的互相渗透的关系中，似乎更能表达沙漠文化情结，从一开始建筑创作就是推倒与重建。

【164】如果被当代潮流、时尚所诱惑宁愿在羊群中做崽！不是欠智慧而是太多太精明的豪夺巧取。有人称追求目标的结果或过程是有心，我以为追求不是刻意坚守和忍辱负重的结果，相反，追求是无意的、天生自在的、喜好的，“天生一个仙人洞，无限风光在险峰”。建筑的胚胎理应“天然”，淡定！

【165】今天开始关于建筑创作中的“创作”二字不再提及，语言和文字都是如此。也许是创作者就此“异想天开”，所谓“天降我才必有大用”“舍我其谁也”，大有横刀立马气概。凡此种种均以“我”为尊，源自于建筑师的创作。扪心自问是否轻狂？或许在历史长河中这种“创作”只是“昆仑山上一棵草，最终毗连成草原”。

【166】喝酒绝佳场所：山边，不必青草离离；小溪一条，一定有棵老槐树；茅草屋一间不大即可，但不可缺竹帘；八仙桌四座三站共七人，贤女子旁列；一壶老酒不论产地管够，三荤四素外加花生米；笔墨纸砚齐备足

量。先试笔权当签到，其后酒过三巡，诗兴大发，酣畅淋漓，大醉！三更惊梦互视畅怀大笑，好酒！悦无比。

【167】上述境界我追寻许久，未见。故而转思是否筑之，惜世风日下难以满足些许小事儿，欲罢不能顿呼跃起。作茧自缚觅破之具，夜不能寐，昼不思食。遥见车水马龙、歌舞升平，暮起汹涌。早年李杜尽释人间沧桑，尔大可不必劳神费力，物易得挚友难寻，友可获情愫可鉴？置地筑瓯此山、此水、此情，惜无此人尔。

【168】期待寒冬，路过的春天莺歌燕舞，酣睡的夏天宁静致远，收获的秋天果实累累。我问燕子为什么来？“这里的春天真美丽”。转问夏蝉何为宁静？“知了也睡了在我心里面”。再问收获你满足吗？“其实我想留下来陪你”。流泪，哭了，从冬开始的一年终结于寒冷，是啊，有谁在乎你从哪里来又到哪里去呢？

【169】“红酥手”呀，我误以为是建筑师的追求，谁承想黄藤酒中“东风恶”来，还好，“一杯愁绪”挡不住海量情深，平心而论入建筑学绝非“错，错，错”。年年绘制“春如旧”，也许只留

下“人空瘦”，自嘲哪知我心依旧。天堂路边的滚滚尸骨，那是上帝栽植的一束束玫瑰。勿错过爱我所爱之设计，“莫，莫，莫”！

【170】建筑师学习雷锋是有那个必要的：主事认真、胸怀整体、细部做起、假日无暇、服务百姓、只管耕耘不图名利、钱花在他人身上如同尊重环境……人之寿命有限，设计建筑无限，把有限的生命服务于无限的建筑设计乐得其所。照相摆姿势、胸前陈列奖章、脚上光亮的皮鞋……英雄情调堪称浪漫。

【171】相当一段时间非万平方米以上建筑不做，且非亲自去现场、访问、构思施工图大样不成，跟踪建成半年修正，所得记之。用三年时间重新观察西域建筑成因，不钻书库、不查一二，以讹传讹，听、看、走。心悟、情悟、理性搜集非理性分析、推测、妄断、臆想为主要方法，即从过去的荒谬结论出发回归真实自我发现。

【172】观察事物的方法、立场千差万别，统一的形成在于不统一的存在，标准是排他的，有时的确是禁锢思想驰骋。共同的属性形成了民族，原本共同的建筑为何就不能成就一致的评判？还是在于各自的突破和捍卫，伟大却渺小，一点儿办法也没有，要想造就整体的“罗马”非得文化统一、技术统一、材料统一，甚难！

【173】一般认为，少数民族地区建筑应具有强烈的、另类的视觉冲击力。当此种建筑泛滥之时，人们的好奇心早已荡然无存。其实，地域建筑的不同取决于环境的差异，建筑师最多使建筑内外空间概念的非既定性达到适宜的状态，仅此而已。地域建筑不是符号，也不是专有定义，任何

建筑都建立在地域之上。

【174】 美克·美家（简称“美克”）老板是画画出身，从装修刷墙到上市公司大约用了 15 年的时间，从一个用自己双手努力描绘与制作赢得业主满意的人，到给建筑师提供设计的人。我想说的是“专业”是有缺陷的，是不完整的代名词，某种程度上可以说专业就是片面，文明正是由片面和专业组合而成的，站在综合立场上重新审视我们的片面。

【175】 湛蓝湛蓝的天穹之下面对黄沙劳作，这是何等的阳光与痛快。远处的驼队依旧逝去，蚂蚱在流汗的臂膀上跳跃，茫然的目光深处矗立着坚定的信念，耕作再耕作练就了顽石一般的意志和刚毅的体魄。傍晚，清风徐来，星空中的一弯明月，不由人遥相举斛，作茧而不自缚，蜡烛任由自己点燃，星与星碰撞的一瞬，那便是我了。

【176】 早先的沿海终究成为高山，沙漠也许会变成汪洋一片，何必将今天的一切看成是历史最终和辉煌的顶峰？城市是无人喝彩的地域，河水不是蓝色的，而是灰黄相间的，且夹杂着石油和十二烷基苯磺酸钠的味道，河畔古老城镇正在缓慢地死去。今天的潮流是一场地震，是用当代科技手段满足人类前所未有的无止境的欲望。

【177】也许科学解释不了生命的现象，也就解释不了建筑的真正目的。市场经济却给建筑打上了可怕的烙印，金钱只会使人变得贪婪、变得更加害怕死亡，干枯的胡杨和逝去的白骨，哪里是昔日的辉煌？赞美沙漠犹如对历史传统的嘲讽。

【178】时间是个假设，光阴却是真实存在的，光阴的状态只能以我们的衰老作为标志。其实我们对光阴的了解几乎为零，或许它真是凝固的、不变的、循环的，倒是时间是确切的，有表的嘀嗒声响和日历的翻卷作为记载。准确而直线的延续没有问题，我们所有的基础都是建立在时间之上的，可它不是光阴，只是一个假设。

【179】我们生活在时间里还是在光阴中，年复一年由诞生到消亡，所有过程的给予、被给予都在时间有条不紊的安排之下，到底是谁驱动众生奔向同一个目标？又是谁在撬动着地球？每个人的时间大致相同，不论期盼、努力或等待都在占用着时间，亦短亦长。人们深知时间不是我们的全部，祈祷呐喊：光阴您在哪里？

【180】光阴是存在的。我们都有不曾知道1+1=2的“真理”，生命的可贵之处就在于光阴从来不给个人以无限接近它的机会，靠近，再靠近直至无疾而终。于是人们便越发珍惜自我躯体“潇洒走一回”，不为错很无奈！难得毕加索、但丁、苏格拉底，他们费心冥想了，我们以为不正常、有病的人也许是有“精神”的！

【181】去年大年初一是在红场度过的。天空飘落着雪花，空气流动速度不快，雪花自然而然地飘啊飘，很是轻盈。人们在飘雪日子里和往日一样的嬉笑、温馨，瓦西里教堂传出清澈的钟声，鸽子在乐曲中飞翔穿梭，白雪、红墙、蓝天不用描绘了，那是何等的美妙！忽听远处传来手风琴的“红梅花儿开”，很暖和。

【182】没有导游的三人之团自由浪漫，在俄罗斯的日子几乎是没有国

籍、不分贵贱、消解约束的状态。三位没有目的地的他乡人前往远离莫斯科 370 千米的小镇踏雪，我们是小镇仅有的外国人。那是雪的世界茫茫一片，落了叶的白桦树上站满了叽叽喳喳的鸟儿，卸去雪橇的雪橇犬狂奔在辽阔的雪原中，傍晚的烛光晚餐充满着家的温馨。

【183】在原克格勃总部梅德韦杰夫、普京办公楼拍几张片子，在总理、总统府里寻觅厕所，现在想想还是胆大的，在国内恐怕是做不到的。虽然列宁走了，可敬仰他的俄罗斯人个个充满着怀念敬仰之情，无名英雄的长明火忽闪忽暗就像真有灵性地活在人间，不肃穆但感英灵高贵、品行恢宏、有情有义。

【184】回想起1991年前的苏联，我感受到的是大国的气息，没有高加索、里海、舍甫琴科装扮的城市，素面朝天很是洁净，树叶、石子、河水仿佛初次现世，能嗅出土地的芬芳、花儿的香甜、空气的新鲜，也能看到少年维特和他的妹妹在一起的天真烂漫以及年幼的困惑。

【185】 普京来了、走了、又来了，带着男儿热泪直面惨烈、焦灼、膨胀的世界和拥戴他、阳光、善良的民众，不悄悄地来也不静静地走，带来勇敢和正义，带走遗憾和无奈。曲直、黑白、矛盾本该如此。此刻的混沌变得另类而赋予行为以指引，混沌在心，概念在理，行为在鲜明！面孔阳光来自清晰的逻辑，思辨源自内心的混沌。

【186】 文化是大概念，我们有很多为什么“不”，这只是个人文化的一厢情愿。要实现“不”那得比拿破仑还要勇猛和幸运，即便如此“不”还是会非常顽固地坚守阵地，这是自然的法则、生命的底线改变不了的。

能够改变的只有我们自己，学会改变生活态度、生存方式、生命意义，皈依自我之外的神奇信念。

【187】建筑师不能揪住自己的头发使自己离开地面，也就料定今天所有的“创作”必然是“土生土长”。看到那么多另类建筑，我猜想：它们一定在自娱自乐，见过马戏团的小丑，没想到个别当代设计师也如此滑稽，难以想象的是观众竟也陶醉其中，戏总会谢幕，人去楼空只留下狼藉一片，生活回归“自然”的状态。

【188】“188”是好号，“要发发”啊，人们将希望寄托于一个好的谐音数字，并把它作为开业、选择婚庆的依据。天啊，一天一天地排着涌动而又循环，我看不出区别也不想加入捉迷藏似的游戏。选择了某日就意味着忽视生命的意义，时间记录的数字是连续的，生命只有一次，难道为了黄道吉日甘愿放弃灿烂的其他日子？

【189】 也许是工作的原因或是命中注定，建筑是讲究环境、空间、尺度的，越来越喜欢规划与景观园林了，反身再看建筑那真叫单体，从建筑分析出的规划与景观倒是热闹非凡，上下出口必规划环境，建筑倒像是信手拈来的东西了。是啊，当熊胆、海豚、雄鹰都是口中之物时，还有什么可惧畏呢？这真是胆大包天！

【190】很少见坐车看书、喝茶吟诗的情景了，人手“爱疯”“爱拍的”了，生活速度在加快，一切如过眼烟云，难得慢慢品味生活，无聊！

【191】看景不如听景，道者云里雾里各抒己见，听者思绪万千魂飘万里，悠哉！咬文嚼字慢慢读来我行我素，如今不用行千里路读破万卷书了，十指和键盘足矣，呜呼，可怜呐，说什么文化遗产、还有什么继承与拯救？中锋、侧锋、留白被越来越多的人忘却了，昨天给方案起名“大道”，80 后拿来电脑写书法，还不赖！

【192】 周涛将军送我一本散文集，上书：刘谞先生正。呵，高抬了，名字真实，“先生正”就过奖了。他说：“时间对于那些伟大的男人来说就是女人，可以占有，可以利用它无形的身体延续自己短暂的生存。

所有伟大的男人都曾使时间怀孕，从而在历史上复印出自己的影像。让我们的劳动成为历史的一部分。”

【193】圆月高悬，明亮而纯净的月光撒向宁静的大地，撒向静谧的婆罗树林，也撒向不平静的芸芸众生。释迦牟尼佛整理好袈裟，头朝北，面向西，双腿并拢微屈，头枕右臂，安然地卧在绳床上，神态自若，面带慈祥地合上双眼，闭上双唇——佛涅槃了——此时一轮圆月升上中天，天空一片宁静，大地一片宁静。

【194】王仁尧先生也有 80 高龄了，记得刚开始设计时拿来七一漂染厂总图，让我把蓝图描成底图。呵呵，线条密而曲折，小钢笔染得双手红红的，末了，把道路很认真地用红蓝铅笔涂实了，晒出来一看：道路像墨汁一样什么标高也看不出来了，挨批。那时才明白什么叫方法不对、目标不清。

【195】史蒂芬·乔布斯一阵风似的走了，被商标搞得一团乱麻，让“爱拍的”渐渐失去了原本的品质，由智慧、创新开始以商业、金钱结束，完整的事件、完美的人生总结。那么多的赞美与遗憾是乔布斯始料不及的，浮夸的伦理道德与标准在今天被“美元”“欧元”所吞噬，金钱不铜臭，肮脏的是用金钱让鬼推磨的人！

【196】惊人的语言、震撼的举动、另类的宣言成了风向标和炽热追求。诚然，生活需要“胡椒面”，可毕竟解决不了生存的需求，普天下众生我猜想哪一个没有自己的理想世界？说：狗都不如，猪一般的生活，否！狗是自在寻食快乐的，哪怕是一根没有肉的骨头；猪是幸福的，吃了睡，

没事拱门。原本这样活出自我。

【197】我们为什么要赞美科技的发展？因为：卫星可以窥视得更全面、武器杀伤力更强、粮食可以获得更多的收获、医药可以毁灭身体上所有的细菌、大楼可以建造得直入云霄……这难道真是人类的向往与追求？我想有隐私、绿色食品、简单药品、适用房屋，没有战争，做到并不难，难的是欲火烧身！

【198】“198”谐音“要就发”，现在日本正在为福冈曾经的“发”而进行悼念，我不是幸灾乐祸，利用之后要好生呵护，万物皆此善待我们的曾经和得到的一切，不是什么双刃剑也不需要克服什么，只要善始善终、彼此尊重就好。快速地发展，玩命地前行，我们的目的地是什么？更美好的生活。这不错，错的是：人类不该一味索取。

【199】高山是日本一个小镇，能看到雪山和大海，漫山的松柏和4月的樱花搭配起来煞是好看。从山那边走来一群衣着五彩缤纷的赏花人儿，恰似蝴蝶纷飞在花丛中，不宽大的街巷凸显了男人们的魁梧和女人们的柔媚，特别在阳光普照的日子里分外妖娆，穿着校服的孩子们像燕子一样飞进人群，偶尔撞个满怀。

【200】 所有的新闻都在从不同的角度、不同的地域、不同的问题谈论一个共同的话题：如何维护我们赖以生存的地球？怎样才能防御灾难的发生？什么才能使人们幸福？答案也许是简单的：占有得越多失去越多，发展得越快后人买单越困窘，贫富差距越大世间也就越不幸福。简单恰恰复杂，像吸毒一样是有瘾的，难戒。

【201】天百超市一支牙膏卖三百多元，我怕看错，忙问是否标识有误？遭到白眼 。看来不光牙要泛白，眼球也可以翻白呀，想想也是，有买有卖嘛！和建筑设计一样，有喜好必有投其下怀者，不过建筑和牙膏还是有所不同：牙膏买与不买是可以选择的，可建筑是城市和大众不得不接受的呀！你牙齿或白或黑是自家事，可建筑是公共的。

【202】 亚欧博览馆国际招标我是评委，第一轮英国第一名，第二轮法国中选。还在想为其中一个落选而感到遗憾之时，初选就被 pass（落选）的武汉某单位竟然已经开始做“日出天山”了，果然，有人竟意外功成名就，依我看那个馆太累了，天天举个鹅卵石，要不就是个超级大可上吉尼斯的大锅盔，压得馆阁蹲坐在一片洼地上。

【203】 实在无奈才这般评价建筑设计，几乎所有建筑都被拟人、拟物化了，思维价值的取向表征着时代的“精髓”，一切都在快速地前进、高调地表现。没有思考，绝无震撼，哪有内涵，杜撰“功利主义”，不仅是金钱，还有比“利”更让人恐惧的追求，我们需要平和、有机、深邃，带来鸟儿一般的欢笑。

【204】 民族的形成和发展是复杂的、不均衡的，但是具备了“民族是

人们在历史上形成的一个有共同语言、共同地域、共同经济生活及以表现于共同文化上的共同心理素质的稳定的共同体”（《斯大林全集》，第二卷,294页)。这些是各个民族不可缺少的必然特征,物质产品的建筑,它在不同民族内容形式上的差异正源于此。

【205】传统本身是创新的结果,创新的积累就是传统。传统包含着创新。既要否定旧的传统，又要不断创造出新的传统。所以，严格地讲，创新也包含于传统。它们是一个整体，是辩证的。从狭义上讲，创新有反传统的因素在内；但若从广义上讲，从历史发展的眼光来看，它更多的不是反传统，而是传统得以延续的内在必然。

【206】 顽固执着地维护自己民族性或“传统”形式，并非一个民族强大的表现，对于与本民族文化相异的东西创造性地汲取才能使民族强大起来。世界上每一个民族的传统、习惯及心理结构都受到了冲击，人们的心理状态和习惯也在不断地发

生变化，我们有条件、有能力对我们的思想、心理及行为进行反思和矫正。

【207】“新”与“旧”、“好”与“不好”之间，不是绝对的因果关系，不能用数学的方法来画等号。成功的作品，即使是“传统”的老手法，还是好的。不好的东西，怎么新，如何现代化也还是不好的。简单地以“新”与“旧”来作为好与不好的标准，是不能令人信服的。今天的新就是明天的历史，传统是一个两头射线的纵轴状态。

【208】我不明白，在创作过程中，为什么常常丢失了自我，我在哪里？您看，环境的、政治的、经济的、业主的统称他们的要求、约束，我仅仅是克服约束，并将这般要求组合在一起，建筑师是机械安装师吗？或者是各种因素、事件发泄的接收器、溶化器吗？为什么总要去为自己的所为去寻找创作构思的庇护？

【209】应当研究人类历史发展的运行轨迹，找出其建筑创作的坐标，确定建筑创作将要进行的轨迹，即自然界中尚不可知的建筑那一部分的坐标与行进方向。甚至也包括思维敏感

元件所能体察感触到的，新近发现的许多新的现象、理论以及医学界有研究可以证实推论的。这点完全可能由建筑师自身的修养与实践予以预测把握。

【210】诚然，建筑设计自由度选择，很大程度上来自于文化差异，因为在排除了地方差异、社会差异、制度差异、秩序差异之后，最重要也是最难区分的就是人的差异。正是由于人的文化差异存在，各个建筑文化体系之间才有可能吸收、借鉴并相互参照发现自身建筑创作自由度的立足点和自身文化的优势与特征。

【211】原本就没有建筑，也没有空间的概念，起先只是人的本能的需要，这是建筑的基础意义，之后，满足心里的情结成了建筑的第二意义，再后来，为了消除恐惧而使建筑伟大和堂皇。皇帝的新衣是属于自己的，自以为是的人心底纯净，围观人们往往崇敬着豪华富足，沿着“定语”走的路不会重新思考建筑从哪里来。

【212】“抓住机遇 迎接挑战 为中华民族建筑文化的伟大复兴而努力奋斗”是本次全国性大会的主题。建筑也要抓住机遇，错过就遗憾，一招鲜吃遍天，难怪有人一夜成名。迎接国外的挑战？对安德鲁、扎哈、库哈斯……挑战过，是我们败下阵了么？吴良镛先生等院士联名上书反对大剧院不照样建造？

【213】给了我十分钟发言，抬举了。机遇我是抓不住的，因为建筑设计实在是一件苦力活，尤其是在新疆，尺度大、规模小、资金匮乏，大多是过客、交易的主儿，所以体现在建筑上临时的成分多了一点儿，自

然就是临时工了。挑战16个省市带钱挣钱，自给自足，还基本轮不上我们，实在地做好每个大样就不错呀。

【214】大会准备提议在全国开展“中国建筑设计百家名院”和“当代中国百名建筑师”宣传与推介活动。传统、历史、特色在字里行间都充分表达出来了，“双百”是形象、榜样最佳？作为常务理事，我还真的想说：建筑师以及建筑设计还真不是“戏子”，也不是作家的评选，有人给老子、梁思成先生授奖吗？后人评说。

【215】昨天“315”打了一天的假，学习雷锋和打假日相差十天，一个是无私奉献、常年的本色，一个是丧尽天良、急功近利，两者有本质的区别。我的老师四五十年如一日地追求实践、理论和本色，服务祖国、恪守职业、精心钻研，不论表彰还是获奖都视为身外之物的超然人生态度，实在是让人敬佩，也使得当下浮夸之人汗颜。

【216】中国建筑创作方针方案一：坚固、适宜、美观、持续。方案二：秉中国文化之精髓，扬节俭实用之美德，集先进技术之精华，营自然环境之和谐，展当代中国之风貌。方案三：服务生活、民族形式、节能环保、时代风貌……思考之后自己对自己轻轻地说：这好吗？对吗？行吗？每个人的我以为，最终他以为，呵……

【217】以前开会是学习，现在开会的动力是老朋友相聚，握手、拍肩好好过日子。彭一刚、齐康、罗小未、吴焕加、陈志华、李道增、关肇邺、刘开济、鲍家声、吴良镛、邹德侬、张开济、张镈、赵冬日、严星华、莫伯治、张锦秋、王小东、何镜堂、何玉如、许安之、梅季魁、刘鸿典、

潘祖尧等前辈，我十分敬重。

【218】建筑创作活动是集体的、团队的。从有工程设计分工那一天，就注定建筑师是指挥家、组织者，也是创造者。过程是辛劳的，而结果是快乐的，当一个人的兴趣与劳作画等号时，注定他一生都是充实的、愉悦的。他们仍然工作在广袤的沙漠与戈壁间，感谢这份执着及悲壮勇敢的情怀，道声大伙儿辛苦了。

【219】在市场严峻的利诱面前，保持一个平常人的心态是何等重要。企业也要以平和的心态去发展，去实现和谐的团队。保留我们自己的“大锅饭”。网上订花以及爱美的姑娘们总是把办公场所打扮得温馨宜人，看到公共场所红彤彤的喜报和企业文化的宣传，员工间相见道安的笑脸，这一切不就是我们所追求的吗?

【220】远处是亘古以来的博格达峰，灌溉、哺育我们的山泉以博大的胸怀，无声地滋润着我和我们的企业，感恩这一切。渐热的天气，又迎来了一个躁动的夏天，看到远处山脉正默默地用清凉的雪峰抚慰着每一个人的心灵，感谢自然给予我们启发，感谢自然大度与无私，难道我们就不能以一个快乐的心智来享受这真实的劳作?

【221】1983年设计乌鲁木齐青少年宫，那时没有“关系”说，选中我的构思，施工图由专家领衔。但方案之名还是小刘的，这足以让我对那个时代有所怀念，宽容而厚道。21世纪原址重建，全国招标选中，道理是：天山下、牧草边，一颗向阳开放的花蕊，瓣瓣相扣。蓝天、白雪、盛开的雪莲花。意思是这个，建成不知有无意思？

【222】想法是片段的、片面的、唯己的。思维是连续的、持久的、纷杂的。建筑师需要勇气，告别曾经，幻想美好的未来，有时不得不，却决定了建筑创作的阶段性、段落式的思维。其实，建筑师的创作活动一开始就是建筑师的连续剧，只不过是一个又一个项目的割裂，不得不每回从头来过。

【223】时下，最流行的建筑话语是“原创”，最时尚的建筑创作描述是“感觉”，最另类的建筑创作活动叫“试验”。那么建筑是可以“原创”的吗？建筑是跟着“感觉”走的吗？建筑是可以“试验”的吗？如果是这样，是一个非建筑的时代，是一个“非典”之后的建筑“非典”时期，这并不危言耸听。

【224】其实几乎每个人职业的选择都是社会逼的，因为要生存就得熟悉工作被人接纳；由于惰性或者是兴趣激发，干到底了，有成无成人倒是走过来了。决定人的命运的因素很多，想多了就会有烦恼，不论成功的抑或失败的，其实只要用心体会人生真谛，享受生活给我们带来的一切就是幸福与快乐。洗着衣服、做着饭、听着歌，多美好呀！

【225】无论出于什么目的，各行明星、潮人过不了几天就会被媒体、

大众所抛弃，很残酷，很必然，来得易，走得也快。各自目的达到，其意义或叫生命也就完结了，留下自我的孤独——那曾经的光环。捧人的主儿都是喜新厌旧的伙计，不用太看重了，不是真崇拜而是把你作为姜太公垂钓的东西了，别上当，安心过属于自己的日子吧。

【226】文化是统治宗教的最高形式。所有的大大小小、各自主张的宗教都在文化的束缚之下，文化是人类无法解释自我思想和行为时最后寄托和推卸的承受者、终结者。于是，世界上文化存在的形式和内容各为依据，都是以本民族的文化影响着异族，这仅仅是文化最初的概念。

【227】建筑设计不论地域、阶层、财富，都应该忠诚地为百姓提供他们喜爱的空间而又不破坏他们生存环境。不平等的生活状态应该从建筑做起，特别是建筑师的自我修炼。只有自然放松的创作心态，才能体悟环境的自然和发展的自然。建筑师只是做了社会分工的一部分工作，创作很少，大多是工作而已。

【228】其实，没有什么是伟大的，伟大只是比平常多了 1 毫米，平凡与平常是最真实的生存状态。幸福与快乐大多在于平凡与平常，痛苦的

往往是不平凡、不平常的孪生兄弟。一个平常的设计、平凡的建筑，获得一种超然的平常心，这社会真需要空间的平常、生活的普通、陌生后的熟悉、原本的事件。

【229】都搬走了。远离世代相传的山坡、书香飘逸的村庄、遮风挡雨的土窑，来到新规划、新建筑、新生活的城市。人们在雾霾、地震、爆炸担惊受怕中度过向往已久的都市生活，即便如此地厌倦也与城市的热闹难舍、难分、难解。不用多久，重归便会成为主题、潮流、时尚，可惜的是当初离开时毁坏了过去的空间和环境！

【230】应当承认一切理论和观点存在的意义，或多或少地映射在人们的意念之中。因而建筑也必然反映着混杂的建筑语言与意义，体现了当今世界最大的特点，那就是紊乱的、破碎的，还有爆炸的。其实，建筑师的作品真实地表露出整个世界对其映射的各自的人生经历，应当十分珍视这变化的世界给我们所带来的一切。

【231】理论很多，新思想、新观念、新风格此起彼伏。旧时代即将隐退，一个新纪元即将崛起，这也许标志着百年现代建筑运动的争论到此终结。现今都“解构”了，还期盼什么？没有人能明确告诉建筑该如何创作以及未来的运动轨迹，每个建筑师都有自己对生活的独特诠释。

【232】昨天一口气讲了三个小时的《小城镇建设与建筑设计》，在非既定性理念的驱使下，既有想讲的也有临时想到的，全部都坦诚地表述给我的建设局长学员了。随后我会把讲话如实地写出以供交流，应故宫博物院院长单霁翔的邀请最近在那儿有一座谈，关于“跨界”，从考古、

历史、遗址、文学、美术、建筑方面一起讨论文化与遗产。

【233】今天算是下了一场春雨，挺好的，有点儿清新空气了。只是昨晚鸟巢的中方设计者打来电话询问南山国际滑雪场竞赛评选之事，希望评委们公正。看来全国性的招标是综合实力的打拼，并非是专业水准的问题，所以我说专家是有缺陷的，仅仅专一不能立足，“关系”了得。知识分子的那一点儿清高在今天常常作为笑柄。

【234】上午有官员请我设计一办公楼，还未选址即言道：场地随意，高度你定。我窃喜。又道：须“简欧、深暖”。晕倒，没听说过呀，中国在亚洲这是常识吧，欧洲那么大，捞针呀，前缀是简，欧洲哪个时期、哪块地域、哪个特色，我还没能彻底明白就让我去糟粕取精华，登天吗！深暖色恐冷。临走不忘说：我很信任你的水平。

【235】使劲握着我的手：要快，越快越好！我终于明白了：形式、样子定了，色彩也定了，关键是赶快画出来，基本是工匠。也对，本来建筑师就是为人民服务的，人民的需要就是我们的追求。顾客至上，还真别把自己当回事儿。楼一天天盖着，好不好都在用着，不缺你也不缺建筑师，缺的是干活的，好，开工了。

【236】当我知道拱门的时候，倚着门墩；今天不知不觉我们已经很糟糕地爬上了门楣。我们想过能否顺着门柱下来呢？别太迷恋当今的“快乐与幸福”，那只是个传说……不埋怨建筑师的性子暴躁，这只是一个缩影，什么都不信的当口儿说来谁听呢？于是有了“神马都是浮云”，健康是 1，其他都是 0 的说法，还是人呀？嗬！

【237】面对生死的时候，大多数人会是对生命充满留恋，极少有人盼望着离去。我不太清楚，因为这个事情是每个人自己的事儿，历史对每个人的意义是不一样的，我过去的生活不像文学爱好者笔下的那样苦难，充满成长的伤痕，反倒觉得青春期那种萌动、那种狂躁、那种创造和破坏的欲望，对我来说是迄今最为美好的东西。

【238】许多事儿是“卡在中间”。“卡”是一瞬、“卡”是必须、“卡”是关键，是链接、是纽带、是活铰，但不是中庸。中庸是平道而“卡”是山路，中庸是一种生活，“卡”是一种状态，前者可以遵循，后者只能看造化，二者截然不同。“卡在中间”是自以为的中间，与中庸之中不同。

【239】20 世纪 80 年代繁华过去了，“走自己的路”和我的初衷不是一回事儿，跟我所谓的中华建筑之梦大相径庭。于是我又回到 30 年前的状态，不大去读、去看每天都在疯涨的建筑及其理论，不做浪里淘金的事情。帕提农神庙、朗香教堂、流水别墅……一座顶一万座，眼前的所谓创作哪一个可以相提并论？想都不要想！

【240】我说过：不再提建筑“创作”了。我勇敢地认为：20 世纪 80 年代的创作精神永远地离开了当代和我们的未来……我们曾经遇到过最好的年代，但是今天我们陷入最坏的时代！一切都只有一个标准，就是钱。钱成了唯一的标准，衡量一切。一切都被极端地娱乐化，创作被消费着、精神被侮辱着、品质被践踏着，可恨！

【241】成败有什么关系呢？不留遗憾就是了。望着光明路的乌鲁木齐，

一片离散论“堆”坐落的建筑令人沮丧。若不是“大巴扎”璀璨，整个城市顿失光彩！刚刚接到一老友电话，去年评上大师，现正忙着准备明年晋升院士，既为高兴祝福也为“评之忙”而困惑。明天去若羌设计一个 2000 平方米的建筑，很愿意也很开心。

【242】关于 1 是身体健康、0 是生存的其他。1 是形式，大概是有的意思，主体；0 是附加、积累，大多为护卫 1 而也即为形式存在着。1 是线段，能两头无限伸展吗？自欺欺人，终有结局。0 是无我，圆润而又交圈终点，即是起点完美。因此，我宁愿追随那旁人看来虚无的 0，满足我的虽圆却有边际的体、面、线的内在与外在。

【243】方案：①新疆伊犁地区引出气候、环境、民族、民俗、文化、经济、建材等背景元素；②办公用房，这里不说是办公楼原委，不归纳形制和类型；③西晒、西风，西墙不开窗，东向少许；④南向敞开，注意遮阳；⑤北向适度开窗；⑥外围严密以防寒、抗辐射，热工取此地值；⑦建筑外不栽种花草；⑧内庭贴近生活。

【244】继续方案：⑨布局一定追寻功能，分区十分重要；⑩房间形态自然皈依人的活动；⑪水平、垂直交通简洁、直达、突出目的指向；⑫人看人、人看景、景看人；⑬尺度宜人，说人话做人事；⑭不带任何包括个人文化取向的，问那地、看那景、读那历史与传统；⑮钱不万能，钱比钱气死“建筑”，那可不是我理解的。

【245】还在继续方案：⑯材料取当地，有什么吃什么，自家人，不客气；⑰技术没有高低，适合的就是最好的，不是杂技亦不是技能；⑱生活在

高科技中是非常恐怖的事儿，生活在诸如空调管道那样的设备里那是牢狱；⑲追求低造价、低装饰、低技术；⑳尽最大可能做普通建筑就是对城市与环境的最大敬慕，就是原本的意义。

【246】仍在继续方案：㉑施工不必精致，到位就好，20 年后还会推倒重来；㉒装修以矿物质、原生材料为主，少用化学合成之物；㉓构件粗糙，不怕，重要的是实用，窗户密实就好；㉔枯树可用、乱石也好；㉕色彩温暖，阳光中略带几分忧郁；㉖难看的搭配只是习惯问题，逐渐认同陌生变为认可，就是从新到旧的过程。

【247】结束方案：㉗世界建筑特色基本上以地域、文化、宗教进行区分，数数并不繁多，妄想另辟蹊径很可能枉然；㉘多喜欢告诉人们什么，其实什么也不是什么，也许展示的正是自我耻辱，小心露怯；㉙整体建筑从城市中来再走回去就好，永往直前忘记回家就是忘记历史与传统；㉚如官员认可大概明年此时建成。

【248】“文革”时期，美女的标准：脸庞大且要圆润，浓眉大眼有腮红，上衣只能解开一个领扣，除军装外一般为上浅下深不穿皮鞋，没有兰花指，也不跷二郎腿，说话直截了当没有嗲声嗲气，当代女明星为丑弱。男人的标准：大刀眉圆眼“国”字形脸庞，高大魁梧白衣蓝裤或军服，以拥有军用帽子手套等为自豪，现男星为孽弱。

【249】“文革”审美长达数十年，时间之长、范围之广在世界时尚与流行圈内恐绝无仅有。如此看来建筑“潮”不过是昙花一现，也从中得出：美随着时代的需要而变化，城头变幻大王旗号而已。坚持与时代为

伍不去妄想永恒，做好、用心就好。今天的经典也许是未来的笑柄，蚂蚁依旧挖洞，人类的场所早已时过境迁。

【250】包装不同概念全非，看来建筑发生的许多现象也是如此，追求是说出来的与实践无关那还叫作品？还会有多少“新闻”戏说？这世界太斑斓了，不太遥远的大白菜、土豆、萝卜、包谷面、大葱是那么的让我怀念。

【251】还说“非既定性”，事物的起源一定有其奥秘爆炸、突发、渐变？尚不肯定。肯定的是并非既定的犹如“共产主义”目标，构成事物缘由和变化的环境无时不刻地运动着，任何规律是人为秩序而杜撰的，试想一下：没有国家、没有法律、没有制度，在现今的我们来看岂不乱了？不过非既定的创造会空前繁荣！

【252】如此说来，相信大家都在畅想自己心中的田园之歌，那该是多么的美妙！从生命诞生的一瞬到完结的时刻，躯体与理想一起飞翔，融于自然的生命才是最幸福、最伟大、最骄傲的灵魂。活在当下不得不被先人制定的常纲所统罩，归顺则安，逆潮则亡，世间万物，皆得如此。

【253】《我校成功申办海外孔子学院》，3月8日与瑞典吕勒欧工业大学正式签约，非营利主攻汉语教学。校党委书记高明章为该市市长和该校校长分别题写“善政亲民”，“天道酬勤”书法（作品引自西安建筑科技大学《建大校报》2012-3-20）。看了这篇报道心里怎么那么不是滋味，“善政亲民”？赠老外还是自己？胸怀啊！我的母校首长！

【254】昨天对研究生说：仅仅抱着历史和传统并将其现实化的行为是没有出息的，沉浸在往日劳作辉煌的身躯是高富帅另版，同样也是逃避当代生活对建筑提出问题的正面回答。特别是对待历史“去其槽粕”的所谓甄选我同样持怀疑态度，每个时代、每个人都有不同目的和向往，此间角度、立场不同，究竟谁是谁非难断。

【255】以前建筑师给甲方汇报方案那叫成果，现今叫作讨好，因为人家给钱呀，那也就是我们是奔着钱去的，心虚气不壮理亏完全是病态！好在本人从来都是“我行我素”“愿者上钩”“周瑜打黄盖”。倒也奇怪，反倒是越加受到尊重，看来建筑师也要学习闻一多的一身正气。认真做事也就实在做人了。

【256】只要铲球，摔倒的球员一定痛苦万分，双方球员也一定各自不满，我想总有一个在当众撒谎；事业单位改革方案一出，不管如何，先说乱来；人之初必有大任；做好事一定另有目的；“我能”“至尊”“王者”CCTV 用语使大多公众被无能；贪官揪出来一定由来埋藏很深，根子就坏；好人天生好苗子……那建筑设计呢？

【257】十几亿中国人大概有一半关心政治，这价值也叫兴趣取向似乎难以理解。想起新中国成立之前连茶馆里都贴出“莫谈国事”，也许有几分道理，一是咱百姓想的是“活命”，快活的活，命比天大；二是享受“生活”，好死不如赖活着，尊重生的意义，油盐酱醋柴多温馨呀！这比口号、愤青、囧要实在得多，别大小事都不做。

【258】这得回到建筑上，遮风挡雨、安居乐业、赏心悦目，这不挺好？

毕竟房子不是竞技项目，也不是杂技，更不是标语口号。交河古城就是减地构筑以防风沙、抗辐射连同抵抗战火，可缺失了它外在形象和所谓的历史和文化，本身就是史诗还用得着标榜么？通常的作为大多在平凡，但却因认真质朴而被后人所认可。

【259】干建筑这活儿就得像这微博，限于时间不能大块记点儿什么，它可以为你随时记下学习心得与体会，亦可倾听高人指点，万不可有点点显示。为人父就得当好爹，干了建筑就得为人设计房子，不马虎、求真实、脚踏实地。跨越式发展让我们没有更多时间去推敲，留下了我认为难以挽回的终身遗憾，谁也不怪好吗？

【260】“人若非由圣灵而生，就不能进入神的国度”。但丁有两次生命，第一次是肉体上的出生，第二次是灵魂上的诞生。同最伟大的人类之子之一（在西方就是唯一，这里是我加的之一）耶稣相比，伟大的但丁却是微不足道的，可是，两者在被遗忘中的命运却是相同的。两条孤独黑影在路上白色灰尘中一闪而过。

【261】学艺是不分新旧的。一分为三，三而合一。大、中、小，存在的事物从来就是这样，都在努力地改变“三”的排列，最终的结果仍然是上、中、下，徒劳的抗争等来的是天堂、凡间、地狱，我们还在期盼另一个新的或叫作“回轮”的奢望？

【262】政治与爱国是不同的概念；设计和创作同样也是两个不同的角度。可以不懂、不参与政治，但不可以不爱、不敬祖国；设计可以不去着眼于历史和未来，也可以不去满足眼球和“不落后”的要求，做好手

上的活儿满足需求，当然包括美观；而创作就非得非常道可寻，“语不惊人死不休”，一般的我是做不到了。

【263】1993 年设计的昌吉地税局办公楼，偶然路过很有感触，那时的面砖竟然一块也没有掉，建筑依然如故，质量好呀！内部、外貌仍然如初这让我无比快乐！如果建筑都能受到尊重，都能为用户长久地使用，那是一种骄傲。平凡的设计、正常的使用、与城市一起走来不正是我的向往么？不同的视角不同的感受，良知者懂我。

【264】很郁闷的事：刚刚睡着，电话铃声响了；刚喝一口酒，酒瓶碎了；煮熟的鸭子飞了；写好的微博发出去却不见踪影。事物的存在或因为不存在而存在，历史的传承是因为许多名不见经传的结果，影子的存在是变化的亦是永恒的，相反固化的存在不过是僵尸化萦绕，光影成就了灿烂，阳光却留下黑暗的传说。

【265】既然创作建筑是毫无意义的，也是极为妄自菲薄的，那么能不能创作几个与我同质的建筑师？仅从思维路线上、对建筑的认同上、对生命的追求上，建立一个队伍，他们相互搀扶、相互欣赏、相互尊重，从而形成“大我”共同面对系统的建筑。当不再个体、唯我、我能之时，可能建筑会平和些许、宽容些许。

【266】通常是这样排列：绘画师、雕塑家、建筑师、美术家等，基本没有怀疑。没有怀疑就是正确真实的吗？源于这种共同认识，建筑还当真就是创造的化身了。强化的个人情结就是淡化了社会建筑的多样性、复杂性及其排他性，这使建筑运动的发展充满了不完整的悲剧色彩。

【267】拒绝为选上或叫中标的项目设计是今年我自认为“牛”的快乐！没有原因那是假话，其实内心还是很想做的，只是与品行很差或者说与难以容忍之人合作那是对我的侮辱，建筑师骨子里应充满着理想和些许风骨，并非趋炎附势、阿谀奉承获取那我看来可怜的所谓报酬，服务也要看对象值不值得，也不是为谁都服务的。

【268】自从有了飞行器，时间就“改变”了，或者说改变了人原本生活几千年的节奏，于是我们有很多时候，对于传统和历史缺乏沉思和认知。在今天回眸经历的、放眼未经历的视觉品评都是一种强加与妄断。解读历史无疑是自我抒怀式的释放，我崇拜这种对过去尊重、欣赏、呵护的雅致情怀，同时我也非常厌恶将篡改历史作为今天的谎言理由。

【269】“我爸是李刚”不是李刚儿子的专利。在今天上下左右以“环境”生存的人比比皆是，诸如：他是谁的部下、谁的秘书、某某的关系，唯独没有他自己。一个失去独立生活的人与寄生在猪身上的虱子有何区别？问题是虱子也是如此，一个很怪的圈。也许人试图不断地剥去赖以生存的环境，最终会赤条条地独自离去。

【270】昨天在一个场合说到面前有两座大山，一座叫作“胸怀”，另一座叫作“品行”。我知道所有的人都没有悟出我真正想说的是什么，对许多人来说太不重要了，因为它不现实，与吃喝无关。我很理解，故而不论，在此之所以补述，就像我的微博仅仅是自我的活动与心智的另类记录，也是做事干净、内心不积事儿免生垃圾的缘故。

【271】憋住的是：“胸怀”之后往往是极端的失望，“心有多大天有多大”与“天高地厚”矛盾纠缠，胸怀的终极是愈加的狭隘，目标的集中即是自我顶峰，当其成为定式那便是结束的开始。再说“品行”，生灵的向往、追索当达成共识，在它的身后一定有与其相反的苦难、折磨在背负，做，无奈；不做，更无奈。

【272】所有的事儿其实只是站的角度、场所，所处年代不同才有了说道，自然的也好、人工的也好，为己的也好、为他的也好，只要在瞬间来了做了不得不走了就是如此。关于悄悄地来、悄悄地走、什么也不带，不觉得是一种无奈？不感到是索取清傲？不正是在区别其与众不同？充满着功利，骨子里哪有那么轻松！

【273】电影里有本色演员和剧中演员之分，建筑师有无这种现象？我妄估大多是剧中的，也就是在扮演着角色从而完成剧中情节，表达出导演的意图，基本没有创作可谈。很是羡慕本色演员“老子就这德性，爱谁谁了”，我就是你找不到的那块石头！原本没有的就是做戏，个性的本身铸就创造，这才是真善美！

【274】“空间，包括建筑空间，只是容器”这话对，候机楼养马又如何？

储存粮食容量不错的，形式美有时真的是杜撰，特别是自我和盲从的美。非既定性充满了创造和奇迹并存在于我们生活的周围，给人们以希望、给人类以光明、给创作以翅膀！强大的、已有的和即将有的信息和意象，在非既定性面前是多么渺小与不堪一击！

【275】世界上人们都在辛勤耕耘着，不论何时何地何事都是自己活着或者生活着，为己也为他人。对于有意义的事，各自有不同的理解，没有对错。建筑师们大多是乐于得到肯定的，应该还有第三种人，不温不火看起来“无情无义”，实际上他们只是认真地放松，人们都在相互影响中找到自己躯壳与灵魂的统一。

【276】一周完成长征，长征本质是一部生存奇迹，死而后生。再论谁主沉浮，谈笑间，樯橹灰飞烟灭，金戈铁马任时空纵横交错，一片城郭废墟青烟袅袅，哭泣不在话下。硝烟渐失，百废俱兴，然文人墨客创意盎然，或传承，或以时代之需尽粉饰之能，适闻小桥流水，近观莺歌燕舞，太平盛世悠哉，此时建筑大献功德，何来情怀？

【277】没有不朽之躯、不灭之物，当然也就没有永恒的建筑。唯有精神聊以自慰，哪知精神对于后人来说不过是时需的调料，古为今用了，与其被利用不如作罢更为利落，落得个清心寡欲。马不停蹄好过虎踞龙盘，伺机而动不如忙忙碌碌，无所不能、无所事事尽在心中，赏心自乐、悦目养眼自愉也就罢了。

【278】沈阳有个铜板，最近杭州又在搞个“球”，说是钱塘江上的一轮红日，且不说又会引发一通联想，仅妄图与日月同辉这气度堪与

CCTV 媲美。“与天斗”看来还是很有市场的，不差钱、不差技术、不差“杰出”的建筑师！从古到今，茫茫大地上“建筑最后承载文明”——果戈理说得不对，当今的建筑早已不是艺术、美学真实的载体了。

【279】1 400 千米之外某兵团总体规划是同济大学设计院做的，两三年就差三块居住用地没建成，其余都已完工，我不知道这是跨越式的结果还是城市生命的终结。定位：具有文化底蕴、宜居宜业的生态组团。刚刚成立不过三年底蕴多深？沙漠当中如何宜居？只有一条头 315 国道何来宜业？千城一面是规划、建筑师们“聪明才智”的结晶？

【280】任何夸大人类智慧的心态和行动都是徒劳的。发生在身边的：导弹是残杀的、经济是虚拟的、用的是数字的、吃的是化学的、穿的是暴露的、想的是发财的、干的是耍滑的、说的是虚假的、行的是跨越的……那么火急奔向何方？与人有关的一切都在无限地膨胀着、发酵着、冲动着，我们的星球受累了。

【281】因为好奇而学习、模仿是懒惰的表现。当身边涌动着“洋气”，建造着异域风情，使用着各种界面、技术、材料，明火执仗地抄袭，没有尊重，也没有专利。当今建筑和建筑师在一起创造着雷同，多么奇怪、可笑的事情。我们有着悠久的历史，却对中国建筑视而不见，一个商品化的建筑环境没有前途。

【282】一个烈日炎炎、风沙弥漫、干旱少雨的区域，是否应该小桥流水、空间通透、深高雨棚？序列灰空间的形式又形式的空间构件组合的意义又何在？是否应该质疑其存在的必要性和习惯概念的“当然性”？

非既定的空间构成，依人们不断增长的需求而始终处于一种变化的动态形式之中。

【283】梅洪元大师是我朋友，《时代建筑》主编邀了不同年代10对地域不同的建筑师和教授们互动，话题涉及跨度30年的感悟、实践、体会，这是件值得做的事。但天各一方既有共同又有差异究竟是殊途同归还是南辕北辙，我想大概都还在圈里吧。有一点儿是明确的，那就是我们共同被“过去了”“经验了”。

【284】昨晚与“80后”的朋友在一起，起初犹豫交流会有障碍就一直听着，渐渐像吃甘蔗一样进入氛围，30年间隔不过是一袋烟工夫的沟通，其实只要身临其境愿了解、理解，彼此间许多原本平常不解的事儿变得豁然开朗。生活在自我的层面、断面、包裹中往往失去了纯真，之所以困惑是因为想得太多、太复杂也就太累。

【285】事务所是如何工作的？必须理念相同、志趣相近、关系和睦。算计报酬的合作是没有出路的，最近成为“生产高手”，包括规划在内五个方案一天OK，算不算跨越式发展？不过迷迷糊糊地画就，清醒看来还好，又一次迷糊、疑问：建筑有创作吗？历史的、现实的、未来的我们能够创作哪一部分或者综合？还都稚嫩！

【286】我只做建筑以及和建筑有关的事儿，其他都是捎带的，因为兴趣是看到泥巴就高兴，总想捏吧捏吧，很是冲动，不管结果如何总归是自己想干的，这世上没有比想干就能干的事儿让人更快活了。于是偷着乐，干着活，唱着歌，有时还嘎嘎笑。痛快总是自己第一个知道而且尽可能地享受到它的全部，无怨无悔成为生命的重要部分。

【287】剪影下驻留着“80”“90”“00”后的建筑……也许几年后这里又有变化，剪影永远覆盖着城市，许多许多都在不同的位置、以不同的方式统治与影响着“伟大”的建筑，阴影下建筑在哪儿？建筑此时只不过是用过的纸杯随手抛弃到垃圾箱子里，早知的事情有的还不得不做，本来如此。

【288】建筑其实很简单，给个空间用。不同生活方式产生不同的空间用途；给个样子让你看，意识不同，审美也就不同，喜好什么做什么，简单实用。轻口味、重口味只要不是五花八门糊涂一锅粥就好，七彩混合在一起什么也不是了。白纸？麻纸？没什么根本的区别，因此不要失原本。

【289】之所以有七彩那是因为各有特色，片面、极端、独立那就叫彩。混合了也就模糊了，也就毫无生气了，也就废弃了，做人做事、社会需求都是如此。世界是由片面组成的，由于共同的片面组合成共同的互助体那就叫社会的共同进步。失去了自我也就失去了社会对你的利用，也就失去了生存的意义。使自己更单纯些吧！

【290】“抄袭”己用即为学习，否则则为盗用。没有不临摹的，也没

有不借鉴的，学习实践的过程需观其结果，结自己的果实就是贡献，贡献也就符合道德，社会需要道德的贡献。可爱在巨人肩上的伟人，可恨湮没先驱唯我的狭隘，其实可爱与可恨本是互为结果的，不同道德观自有评说，倘若利己达到目标也算贡献？

【291】非既定性的思维除了本体的包容性、混沌性还具有前瞻性，也就是说变化是其自身的特点所致。事物总是在不断地发展变化，不论其对错、进退，永不会踏入同一条河，于是，非既定性解释结束了不该有的争论大踏步地行走，这里没有用“前进、持续”的字眼儿，因为任何有方向性的目标都会被椭圆的地球兜回来。

【292】现在做方案基本不想什么，只做几步：①和甲方聊聊看看他要什么；②熟悉现场，最好有高程的总图；③任务书一份，尽可能详细；④先看着空白纸发愣，过几天还发愣，快到交卷前画一指甲大小的图块；⑤给设计师、模型师讲解，基本靠比划，讲的过程我更加清晰，他们明白最好；⑥框框的平面、框框的模型。

【293】⑦修改我不熟识的平面和没有想法的空间立面。之后，我的任务基本完成。本子的制作我还是比较关心的，包括方案的名字和定位，末了，有时间一定会亲自给甲方讲解方案。中与不中标似乎与我没有关系，我做了，用心完成一件我认为值得做的事儿就是结果，开心会伴随着我迎接下一个循环。

【294】做方案，不是不想，而是当时不想，事后、事前想得厉害。没事就想，就像此时想的还是建筑。说来别笑，从“误入建筑学”的第一

天开始就习惯睡觉前回想当天的作业，时间久了养成习惯，不管有无工程可做到了晚上必定是自选一个方案伴我入睡，第二天什么记忆也没有，乐呵呵地上班、下班，乐此不疲。

【295】建筑设计一般都是在白天构思，平面与空间都看得非常仔细认真。忽然想起在我的设计中好像只有到了最后才想到夜景（是夜景而不是空间），有没有一种可能从夜景出发到天亮？呵呵，有机会试试也许挺有意思的，这也许有助于摒弃习惯的思维方式。

【296】昨天给研究生开的课题《干旱沙漠地区建筑探寻》，思路是：中外类似地区的历史与现状分析；给予定义，并界定研究范围；西域的普遍性和特殊性。提问：为什么恶劣生存条件下仍须建筑的意义？沙漠也是生态，也应保护；历史沿革的干旱地区建筑的变迁；探索该地区建筑的基本元素；以实例自圆其说。

【297】回想起来有点儿不可思议。昨天有某上市国企集团请我设计汽车展览中心，我说这块很专业，我不懂给你介绍一家北京市的吧，遂给了电话号码，其乐意与甲方空中握手，为此，忽然感到我有点儿雷锋的精神心里十分踏实。再想想周围多如牛毛的“甲级”除了导弹、卫星不能设计外几乎全能的利益群体，令人胆战心惊！

【298】历史说：我只记得住艺术、思想、真实，不大有什么明星、富豪，吹牛。想想也是，被记住的大都是原本不想被记忆的。我家大侠从不乱叫乱狂，倒是小狗们天天追着、围着大侠狺狺，大侠依然按自己的节奏溜着弯儿，甚是自在。它也会走得像人一样，还真是“不带走一片云彩”，

建筑如此，人亦如此，乐在其中。

【299】等车去喝喜酒，看电视得知英国奥运会一钢铁塔在议论纷纷中建成，公众反对。设计者说：埃菲尔铁塔的历史证明少数也许最终会得到认可，这话也对，只是什么都要历史证明多少有点儿藐视当今，拿城市当赌注建筑师是否也应为此举动付出代价呢？最终认可也很有可能是习惯拗不过当下时势，当公众眼瞎耳聋是吗？

【300】30 年前我第一个建筑设计项目是锻工房，就是打铁烧红铁的炉子用房，忽然想到好久没有设计工业建筑更不可能是锻工房了，是社会发展分工细化了还是我们设计范围越来越小了？民用设计院涉及的建筑类型基本上是公共建筑（宾馆、剧院、中心……）和住宅了，建筑是空间，是场所，是为人类提供使用空间，系统化的工业建筑被边缘化了。

【301】摩根大通银行炒股亏了 23 亿美元，于是中国以此说事：美国经济就是资本主义、帝国主义，一定会衰落，可是摩根去年挣了 100 多亿美元呀，都是从中国拿走的。我们的媒体总是这样：坏到底、好到头，一点儿余地也不给自己留，斩尽杀绝，末了让人耻笑，落个不客观的名声。

【302】前不久朋友建议常练书法，一是陶冶性情，二是老了有乐趣，于是收集家伙当真练了起来，唯一的感觉是笔锋确实是从心而起，运笔是在用心，构架是行间均衡己见。书法乐在其中，发怒、嬉笑都还乐在其中，大概是自己的事儿自主。建筑设计好像就难以随心所欲了，不过有约束也许更精彩。

【303】不知不觉“玉点”成立 10 年了，工商注册日期是 12 月 19 日，之前董事会成立可能是公司真正的诞生之日。粗想大概做了这么几个建筑：开张的美克大厦和七彩楼、图书大厦、青少年宫、喀什科技广场、非物质文化中心、喀什会展中心、胡杨林宾馆、维泰大厦、文体中心……极少的住宅也大多为成片的社区，做得很认真，比公建用心。

【304】此话与第 299 篇微博关联。对于这些，设计师们似乎早有准备。阿尼什・卡普尔表示，很多伟大的建筑设计最初都为人们所诟病。雨果就曾经说埃菲尔铁塔“丑得离谱”，但是现在，人们并不这么认为了。随着时间的推移，不寻常的东西变得寻常，人们关于美的认识也渐渐在改变，这令人联想，建筑是否也成为权衡不同历史阶段社会的审美尺度。

【305】方才在 ABBS 看到张在元先生英年早逝，让人扼腕痛惜。印象有三，其一，不曾谋面的水晶宫、神农架；其二，十几年前他的讲座充满激情，演示三台立体投影播放信息量巨大；其三，几年前相约深圳山水宾馆谈论有关合作、西部研究诸事。前不久得知医治许久不能自理，一直想寻机探望，今却噩耗传来，痛悼先生。

【306】有没有百姓说好，官员也说好的事？比如：BRT、国际大巴扎……好的就是好的，为人民服务的就是好事。建筑设计也是如此，好建筑百姓喜欢，游人喜欢，学者也喜欢。房子是人用的，自吹自擂那就是没有自知之明，也许本来就不知天高地厚。开发区有个新建筑，别人让我好好参观一下，一打听是维泰大厦，我无语了。

【307】给甲方介绍方案基本上要连说带比划，最好把他们日常的物件、

事件、经历一起来说，基本上以故事展开，绘声绘色地描绘，尽量用当时最高级的形容词表述，这样沟通透彻。只是讲着讲着自己也被情节所感动，于是引起共鸣。至于文脉、传统、肌理、环境、自然、民俗、历史、经济以及审美构图可讲可不讲，人家不大爱听。

【308】昨天到离鄯善不远的沙漠走了走，回来路过吐峪沟，在那里转了转，过会儿把所见图片发送以为记忆。七八年前去过鄯善，现在这里变化很大，基本没有过去的记忆了。以前有印象的红胶泥抹墙的建筑见不到了，所到之处就是一个字“新”，与其他类似城市没有什么区别，依然是政府的建筑架势、标准的住宅和破旧的民房“新三段”。

【309】满怀激情前往名村吐峪沟，哪料大失所望。虚假的、编造的、杜撰的“古民居”铺天盖地，我只好睁大眼睛仔细分辨哪些是过去的遗存，犹如大海捞针。可以看出不是当地人所为，而是有计划、有目的、自以为专家的人在“光明正大”地破坏历史遗存和传统民居，没有文化和历史感的人装学问真是愚昧加混账！

【310】观看时间：吐峪沟民居与喀什民居有何不同？大概是：①依山傍水，随山势而建；②有水有树可以利用，因而大多宅院树木不多，不大注重小气候的营造；③入口多高阔封闭以抗干旱炎热的侵害；④出现土砖拱；⑤院墙多有花砖装饰，也利于通风；⑥家家屋顶会有晾晒葡萄的花墙房子；⑦多为单层。以上基本与喀什不同。

【311】在新市区转了几圈，突然有个念头：当今社会还需要知识和文化吗？看到堂而皇之的“建筑”以及各种构筑物充满了虚假、无知、反

科学、逆规律的做法，骄而躁的繁荣让人产生濒临末日的感觉，不负责任的设计者却迎合了奢靡的需求，是有良知的人都远逝了，还是这个时代离我们太远了？忧国忧民更忧自己。

【312】“幸福和幸福感”是不同的，一位官员说。细想也许他是对的，不同角度、立场自然有不同的认识。从历史发展的角度来看中国应该是发达和具有理想、富裕的国度，这应是幸福所在。只是每个人对于自我的生活状态不满加上变幻莫测的时局总有那么一点点儿的担忧，前后左右攀比后愤愤不平也能理解，生活还是美好的。

【313】终于忙完了，学会发文件递给《时代建筑》算是为建筑年轻人做点儿实事，基本上是流水作业，把过去的事儿理顺一下，都说了不留“难言之隐”以免误导，以为建筑及建筑学深不可测，真诚在当今显得格外珍贵。某电视台的广告最近很爱炫富，犹如富人在乞丐面前烧钞票，把现实演绎得淋漓尽致。

【314】世界并不只有理性存在，大多人容易被操控。看过纪录片《探求自我的世纪》的人都知道，美国乃至整个世界的某些部分，是按照弗洛伊德学说改造过的，利用的就是人们的潜意识。而看过《乌合之众》这类描述群体非理性的书之后，也会知道深藏在人们内心深处匪夷所思的非理性状态，而有时非理性在主导我们的行为。

【315】“3・15”打假揭露假的事件，戳穿谎言，谣言和辟谣这段时间层出不穷，百姓没有那么多的手段和途径，那么为什么会是这样？基础社会的基础，心态社会的心态，猜忌发生在我们的周围。这种环境建筑

师自然无所适从，于是方案的解释基本就是编造故事和传说，和赌徒无异，能出好的作品才怪。

【316】没有理想、没有追求、没有激情也就没有人生的乐趣和意义。付出而不索取其实也已获得了巨大的社会财富，那就是胸怀与品行，还有比身后的口碑更值得骄傲的吗？建筑设计也是如此。不论工程大小，不谈主义风格，不说三道四，用心做了那就是奉献，那就是最值得炫耀的，我来了，我用我之全部也就骄傲。

【317】山上的人看山下的人像是蚂蚁，山下的人看山上的人十分渺小。“欲穷千里目，更上一层楼”，看得远了，心就远了，上易下难，早知下难何必上易？万物交替周而复始，夕阳流水吟诗去，仙境云鹤诗画来，妙不可言。从城市的自然系统出发，尊重客观自然规律，顺应自然，依现场环境所做的建筑是“现场建筑”。

【318】明天去西安，转眼西北院 60 大寿了，过去的大区院现在基本只剩下名称了，时代和体制能改变一切，当然包括历史。原喀什师范学院现今叫作喀什大学，还没有一个建筑学、规划方面的老师就已经批准了开设建筑学和城市规划专业。想起当年“老八院”每校开一个班，30 人，全国每年毕业的建筑学生也不过 250 人，现在太跨越太超前了。

【319】教书容易了，育人轻松了，市场搞活了，假冒行天下。所以我说设计在当今的社会价值认同几乎与跑生意的伙计没有什么区别，如果有区别的话，那就是比伙计更伙计。“伙计”把它拆开解读一下：伙群也，自发而有群规，常与社会共同理想貌合神离；计谋也，算数金钱有

财，往来社会名流唯利是图。良知已被伙计贿赂了。

【320】意大利前几天地震了，看到残垣断壁的古老建筑倒塌很是惋惜，犹如人之躯体被自然无情地肆意折磨，沉静已久的文明已圮废，这该怪谁？美好与丑恶一同被埋葬，难怪作恶多端者有恃无恐，因为他们知道会同归于尽。不错，是的。但请记住：灵魂、思想、品行不会一同毁灭！

【321】当学术交流变成炫耀、自说自话、一种功利形式的时候，质朴、纯洁、善良也就远离了，学术不再是文化的交流，有良知者像远离毒品一样躲避当今的所谓各种“学术”活动。我以为的、我愿意参加的基本上都是个别的、乡下的、随意的交流，“坚壁清野”转移空间，在中国已经不分主流与非主流了，敢问谁是黑猫谁是白猫？

【322】建筑师不是一个万花筒，它就是一种职业。在中国所谓非主流建筑师们、所谓美术师们、所谓业余建筑师们，不过是逃避社会责任、推卸学术准则、篡改建筑本质、拈轻怕重自我表现欲非常强烈的极少数人的借口，任何夸大建筑承载文化以及传统、文明的做法，不过是建筑界的“白富美、官二代、富二代”。

【323】当一种社会职业被极个别人演绎成形而上的时候、当个体的实践凌驾于公众生活的时候、当自我表现登峰造极的时候，在有人推波助澜的情况下，基本说明这种做派早已远离社会、远离生活、远离大众，更谈不上传承历史、民族精神、本土文化了。纵观历史英雄豪杰都是在参天大树上结成正果，无一例外！

【324】标语、广告、标识等，充斥我们的城市，影响我们每天的生活，我们不得不听着、看着、用着与本质一点儿关系也没有的我们喜欢或不喜欢的作品。即使睡觉中也许还在梦呓着品牌的真伪，这种铺天盖地的喧嚣影响我们的生活质量甚至生活空间，也许这些对于我们的威胁、迫害远远大于 PM2.5。

【325】如果真要将中国的城市与欧洲、北美洲的城市相比较的话，最大的区别：它们是以人的活动展开的，我们是以城市的形象塑造的；他们是空间的、历史的、从过去走来的；我们是广告的、当代的、创新未来的。相信我们的小摊小贩们非常羡慕塞纳河边、泰晤士河旁那无拘无束的自由画家、艺术家以及尽情欢唱的夜莺。

【326】我们是知好歹的一代。在我们的生活中无时无刻地充斥着“感恩”，在感恩笼罩之下的生活是艰辛的、抑郁的、无奈的，哪里还有创作的激情？毛泽东时代到了今日仍然被世人津津乐道、回味无穷，“感”从心起“恩”从情来，让我们静静地分享生活给我们带来的一切。

【327】一大早儿，遛大侠。邻居们通常跟我的狗打招呼，叫“大侠”。我是旁观者，有狗的、没狗的都是这样，大侠是知名的，因为它的体格、

性格、品种综合形成特有的威武、忠诚、智慧，不是某一方面的结果。建筑这个东西也是由适用、经济、美观组成的常见物体，缺一不可。

【328】山下院士大会，山上院士行脚。理论光泽思想，实践福祉百姓。

雄才难酬壮志，怎忍光阴遽逝。
金石未必可镂，寸草报恩依旧。
铁血长烟皓月，小桥流水人家。
品茗论道天下，笑谈古今风流。
和煦怒颜方寸，悟度点玉了得。
若谷肠怀温暖，恩感天下不已。
蚂蚁孩童情怀，家睦细辛劳作。
吾辈玄极行知，足之也。

【329】但丁的母亲用刚刚添加灯油柔弱温暖的手抚摸着孩子的头：“你是上帝的孩子，主造生万物看尽人间总有归时，每个生灵都有各自皈依，做自己事就是众生所盼，尽心就是了。”神的儿子谱写着《神曲》，游荡在人群之中，无所事事的状态影响着忙碌的人们，使其坠入远逝的历史长河，河床上迄今留有足迹。

【330】原本建筑就是用来供奉的。就像上帝、菩萨一样，当然还有“牛鬼蛇神”，不同类算了。归不到建筑的堆砌不过是砖瓦的集合，也不值当。尊重建筑、学习建筑、呵护建筑是一种品德，也是情操，更是胸怀，在它的面前我常常战战兢兢，一不留神就影响着社会和社会人。小心别碰着，虔诚地勾画，像是怀中的孩子。

【331】高考结束了，还有孩子在考试，祝顺利取得好成绩！每天都是考试，都得认真、谨慎、有信心地生活，本就没有幸福与痛苦之别，有的只是尽情主动接受每一刻只属于自己的光阴。心安理得是个好词，灿烂笑脸与忧悒神色同样宝贵，有黑就一定有白，无论颠倒还是混淆，接受它就会喜欢它，拥抱总是温暖的。

【332】一家不大的设计院，投标可以拿出五六个方案参加竞选，想法多得可以说是撞大运，建筑设计基本上已经沦落到排队选秀了。职业精神荡然无存，更谈不上卓尔不群，没有主张、没有信念、没有追求的建筑师、设计院，就没有社会责任感，就没有职业主义抱负。我们可以多方案比较，但一定会得出当时最优化的一个吗？

【333】建筑没有新旧。人的已知未知个体差异性的空间自我，一生一世只是我们能意识到的“长度”和价值认知，不同生命观诠释人生长短、

悲喜、苦乐！多是在乎眼前后人，行乐与修行矛盾纠结着并行。不论前后建筑都是生命，自己的和他人的，数数存留下来的可怜的空间，人生便无遗憾了。新旧这对矛盾是相依为命的。

【334】郭老算得上封建社会熏陶下的大文豪、大知识分子了，在 20 世纪 50 年代写下他最初关于性的故事。那年初小回家乡嘉陵江畔，茅屋前院的晌午，坐在门槛刹那间看到姑嫂洗衣的嫩嫩的手萌发触摸亲吻的冲动，后来有天他爬上河边树干总不想下来有种异样的感觉，“这是我的初性”。后来沫若成为官员如是坦白。

【335】《沫若文集》是他的作品集成，其中非专业性的文章朴实无华，识千把字也能看个大概，读来顺口顺心、平铺直叙、断无今日文章的咬文嚼字。进入状态哪知妙趣横生、意趣盎然、回味无穷。想到今日好多文章我却难以读懂、好多建筑不可理解，真白读书、白学建筑了，天还是那么高，地还是那么厚，可能是心比天高脸皮比地厚了！

【336】有了空调不受炎热酷暑之苦；有了飞机不再有长途跋涉之劳；有了电脑不再懂得笔墨纸砚；咸菜不需要长时间的腌制；收割不再粒粒皆辛苦；锄禾不再日当午；书中不再有黄金屋，也就更没有颜如玉；植物未必是土中生长的，我们缺失了些什么？劳作的欢乐、辛勤体验的幸福、追求的执着、梦的美妙……

【337】当今有些建筑师们抱怨甲方不是苛刻就是不懂装懂，我不这么认为。恰恰相反，倒是建筑师真该好好反思自己，我们设计的目的是什么、我们为谁设计、我们的职业精神体现在哪里？我们之所以是设计者

皆因为有所要求、有所选择、有所适应我们不熟悉的那一面，这是我们需要了解与学习的。

【338】包括我在内，看到自己设计的建筑常常会说“这是我设计的”。其实，一个项目的落成和建设涉及方方面面，每个参与者都付出了巨大的努力，包括设计的理念与建造的结果，甚至公众也是参与者，因为正是有了评判者、使用者我们才变得认真与自觉，建筑师的作为在某种程度上也可以说来自于身边环境的存在。

【339】许多人在郊外雇人种菜，不是勤俭节约驱使而是对市面上出售的蔬菜不信任，担心用过杀虫剂、有害的化肥与各种催熟剂会有残留。顺着想想：首先不信商场以及购货途径、不信农民的耕作、不信种子和

农药的来源、不信流通领域的各个环节、不信制造厂家及工人、不信各个主管的部门，还可以继续不信链条中的每个环节。

【340】当社会到了不信任的地步，包括我们自己也不得不生活在不信与被不信之中。于是我们找不到幸福、快乐！在怀疑、恐慌，时刻处于准备撤退和保护自我的状态中，还有什么创作与创新呢？坚持做个普通的、一般意义的人在当今确实难能可贵，也许我更赞美平凡、朴实的品行，善良的心智，坦荡的胸怀，诚信的生活群体。

【341】几乎所有冠以尊贵的农作物食品，常常会加上“纯天然、无公害、真正的、绝无”等，以我之见单从这些词来看就不真实。列宁说过，话的大概意思是，叫卖得愈凶其真实目的愈加值得怀疑。前几天看了一个本子，里面以世界各地建筑精品作为其设计的依据，那文过饰非的华丽文字真的让我无法择善而从。

【342】基本上设计房子需要一定的时间，如果以七天为限，我会六天无所事事，不去思考只是心里有这么回事儿，剩下的一天大拇指大小的方案也就出来了，有点儿像微米雕。同事们撮合一起像是说书，也像是手舞足蹈的运动。人员要齐，共同入心入脑，确立主旨，剩下的事任由伙伴们完成了，也即是做了我能做到的，而每个人也做了他们该做的。

【343】有一天，建筑问我：跟随三十有余情在何方？不及回答又问：建筑与你何干？见面红耳赤又曰：何苦建筑？不得回答，责己。何为建筑？建又何为？为何建筑？是也。大凡能知者不在话下，不知者大有人在，这世道！远方传来刺耳的声响，你知我却不晓，这是个问题。日子

在揭晓中度过，可叹又可悲！

【344】时间、空间、速度真是很奇妙。单个的来回穿梭就够眼花缭乱了，再加上三者甚至更多因素那才真是热闹。许多时间、空间、速度都被人无谓地自觉不自觉地糟蹋了。沉浸在自娱王国之中，搞不清的事儿也许有了人类就命中注定，多少实践与理论和白花花的纸张被浪费了，实在是可惜。做力所能及之事，做好它就好。

【345】这个排列是顺着来，蛮对的。关于“科学”在今天已与原本相去甚远，当科学进入所有领域并被滥用之时，科学已不是科学，基本上属于谎言的现实版！想想哪个决策不是专家、学者制造出来的？身边发生的一切都披上了科学的外衣，所有的错和谬最终还是“臭老九”的事儿，仿佛天经地义似的。

【346】“6”谐音“溜”，还好。鲁迅说：躲进小楼成一统，管他春夏与冬秋。他是生气了，不过还是没有躲得了。老人常说：眼不见为净。看来是对的，不知与无知、知之是不同的，但表现常常是相同的，正所谓“知之为不知”。知何？不知何？何知？为何知？知何如？不知何如？之前微博有说：“知和”，正为我所解忧。

【347】把话放此，19 个省市加上先前的支援与交流，带来了项目、资金、物流还有更重要的文化。我实在是替人担心，单从建筑与城市规划来说，初来乍到就大显身手，地域、自然、环境、民族、民俗、历史……那么多以不同疆外城市、省份、公司命名的工业园、规划、建筑打上了不同文化背景的烙印，眼花缭乱之际，宛若走进了“杂货铺”。

【348】历史会怎样评价今天的辉煌？好在历史是人编的，给后人看的。很难想象几年之后秀美山川、大漠孤烟、地域特色这些词是否依然固我西域。20 世纪我曾把历史名城喀什誉为“最后的城市”，有文记载，今天果然不再是“最后”了，已经与我儿子生活的城市深圳——一个只有几十年的城市相提并论结为对子了。

【349】一件小事：吃地里刚摘的辣椒，想起小时候生吃辣椒，只需撒点盐配上不太白的馒头，于是大口嚼咽，哪知大汗淋漓口水直流，好辣！好辣！真是辣，真是好辣椒。想想眼前的经历，有时辣椒到嘴会自言自语：哦，比西红柿还酸呀！炒盘辣子鸡还真得加红的泰椒才辣。习惯了假的，真的就不真了。

【350】知道有朋友赏光常光顾本微博。每天重要的白天 8 小时，累也烦，我知，你也知。开始我也是盼望 8 小时之外，后来觉得这种盼望有点儿太奢侈，于是想着法儿使自己融入上下午。兴趣是培养出来的，我信！如何把兴趣与工作等同起来，工作就是快乐！爱情与婚姻等同起来那该是多么美好！每天盼望着快乐与美好。

【351】“皮肤也是器官”，这使我大吃一惊。说来也是的，闭上眼睛想想没有皮肤那会让你夜不能寐！之所以没把它当回事儿，我猜想是量太多、不突出、没特点，不像耳朵听、眼睛看、嘴巴吃，这和现实中的许多事件可以联系起来，就拿建筑来说，地标多了就是“花”点儿了，一条街道个个争奇斗艳像是招摇过市，窘态的裸样居然没有“皮肤”！

【352】除了炫耀，当代建筑便一无是处了。悬、旋、炫、扭、削之后，

最前端的技术、最昂贵的材料、最大胆的构思，极大地满足了人们的虚荣心和征服者的傲慢，颠覆历史的同时“谦和”地说“我来自传统”，挺恶心的。极端后的疯狂一片空白，接着自由道士纷纷念“经”，不会的“经”，念起来更显庄重。

【353】已经进入到全民设计、人心思创的时代，标准成为固定的靶子和破坏的对象，没有统一更没有唯一。局部地区的团队合作取决于意识的领先和行动的坚定，一个人人知晓的文化价值、核心竞争力，没有任何新意，注定是要没落的。只有意想不到的才是现今的价值和幸福，习以为常的正确生活麻木、堕落了。

【354】每场欧冠四分之一决赛结果一定只有一个队伍进入半决赛，凡是竞技最终只有一个胜者，中国人大都有“天生我材必有用”的观念，充满了竞赛比拼精神。胜出之人成了孤家寡人，落败者俯首称臣、灰心丧气，人生不是比赛，更不是战场！体育展现的是崇高的生命渴望、友爱，凝聚的是神圣的博爱精神！

【355】不论最终结果如何，11对11的奔跑、急停、转身，头球、角球、手球，前锋、后卫、守门员，不管各自战术如何，深深感染我们的是：坚毅的脸庞、进球的狂欢、失球的泪水、球迷们的情感和捍卫！真实、绝对的真实，因为真实才有魅力。握手、开赛、走人，把人生演绎得淋漓尽致，留下无限的追思。

【356】关于冲动的结果：第二天没开水喝、没凉席睡！上学时尽管一直没洗过脚的中国队战胜了科威特，狂喜间暖壶扔出窗外听响、凉席卷

筒点成火炬！钟楼绕上三圈直到东方泛白。每一个时期都有后来感到愚昧的事儿，也正是这些才使得我们津津乐道难忘过去，苦难和挫折给我留下每一天的幸福。

【357】年中将近，手头要做完几件事，把微博都忘了，原先写日记还得挤墨水，想着都累，以为有电脑了坚持会较为容易，看来不是身体劳作的事儿，心境很重要。没有什么事是必须做的，就像是午饭吃什么一样，兴趣很重要，年轻孩子喜欢说：我乐意！凡是乐意就不怕熬夜、饥饿、出力。真是这样，我觉得工作对我来说就是“我乐意”。

【358】信息的高速畅通确实改变了许多原先很专业、很像象牙塔的城市规划与建筑设计，跨界的词汇不再陌生，业界也这么认为：现在是跨界，总有一天到别人家就像回自己家里，有点儿怪怪的，还是我说的混沌好些。设计其实也许就是集思广益之后的归纳与技术化的过程，因为规划与建筑这匹桀骜不驯的野马太难以独自骑乘了。

【359】练了好几天毛笔字大都在临帖，以为不留神儿练出个王羲之，以我的失败教训：学是学不像的。不论何事，情从心起，书从意出，气质、秉性、骨子里带的是练不出来的。随他吧，随心所欲就是快乐与幸福的源泉。当然是有界的，损害他人不好。“千秋雪”和“闲云野鹤”是两种境界，我都喜欢。

【360】后天是中国共产党成立91周年纪念日，关于党及党员我不想多说什么，每个国家制度都有其历史的烙印，黑格尔不是也说“存在就是合理”吗？世界上有地位了，我及我的周围生活和言论是快乐与自由的，

这不挺好。重要的是人的一生应该怎么度过，抱怨不过是放弃理想、不愿付出、自我隔绝的借口。

【361】德国队走了，喜欢德国队的朋友们就把意大利队当成德国队进入决赛，心情会好很多。其实谁是冠军也许真的不那么重要，人类竞技运动不过是彰显、弘扬健康快乐的生活，讴歌美好的蓝天、大地、你我的放纵情怀，宣泄了也就开心了，别去为王冠自寻烦恼，无论谁赢谁输我都尽情豪饮。

【362】昨晚五时许，被电话叫醒：地震了，快跑……正在酣睡哪有什么地震，晃得还有几分惬意，又大睡直到自然醒的10点。早上遇见朋友们都在议论昨晚的事儿，有的人没怎么穿衣服就四处逃窜，呵呵呵。细想想：我那位朋友在第一时间给我打电话还真是让我感动，许久不联系了，关键时刻一个电话足见人间温暖。

【363】地震了，有人说是人类造祸的报应，抱怨这个世界和社会，我想这倒未必。人类为自我的生存所作所为无可厚非，凡事不要过度就是。大自然和这星球有自己的生存规律与方式，坐久了站站、躺久了转转，引发了颤抖那是原本的自然。不要咒骂地震！也不要借机谩骂这个世界！心美世界就美，与地球同在。

【364】奇怪的是：连小学课本都说狗对地震很灵敏，会“汪汪”叫。大侠没叫，其他狗也没叫，说明：一，科学是有局限的；二，狗不认为这种级别的地震能对它有伤害；三，人类常常过度渲染。当然我们离震源较远，灾区的伤害不在本微博本意之内，祈祷同胞安康！今晨地震与

12 月 12 日至少在概念上是完全不同，预言与客观的区别断无关联。

【365】世上不公平的事儿很多，每个人都可以举出实证，这是绝对的。有时我会认真思考为什么会出现不公平？一定是若非这样可能出现更大更多的不公平，比如说：法律的本质就是不公平现象的产物，不公平的事儿多了大家都有理，只好约定俗成共同维护，想明白了也就释然自在了。怕晒就骂这个炎热的太阳还让人活吗？

【366】热爱自然、尊重自然、保护自然，“自然是美好的”这是我们最常说的话，其实自然不仅仅给了我们生存的一切，同样还给我们带来伤害，比如：地震、洪水。就像是朋友、爱人除了他的优点外还有缺点，我们能容忍谅解，同样我们也应该涵容地球的缺憾。人不能长生不老也是规律所在，珍惜一切。

【367】昨天华东某设计集团来访，他们依然认为新疆是荒蛮之地和愚昧聚落，“你们设计费谈不高，他们给我们出高价，你们来做如何？”怒发冲冠的我说：他们没有自尊也没有真知灼见，你们趁机牟利不劳而获，竟炫耀此等交易，恕我不齿。我们坚守一不挂靠、二不出卖图签、三不被他人奴役！清茶一杯走人！

【368】很有意思的话：授人玫瑰，手有余香。①玫瑰是我的为什么给别人？②给人玫瑰与我何益？③余香只是失望结果。这话不错很真诚，不过换个角度想想：①玫瑰是观赏的谁拿都一样；②有了转赠他人不也很好？③余香远比浓香更能体现真香韵味呀！这话不假，每天看到他人都是幸福、快乐、灿烂的笑脸，你多幸福！

【369】文化的传播，政治上叫侵略！文明的推进，生态上叫摧毁！未开垦的土地叫处女地。未丧失最基本、原初功能的城市叫最后的城市。上海世博会上说："城市让生活更美好。"果真如此吗？空气污染、交通堵塞、火灾频发难道这是美好城市的必然吗？

【370】由于其他一些原因最近查看了许多欧美国家建筑学教育课程与方略，确和我国相去甚远。由于对建筑文化的认同差异，导致其教学目的可以说完全不同。不论文化高低哪个国家都在建设中，国际交流只是皮毛，本质的区别在于文化。因此，关于认可度也就大相径庭，要想国际化不是哪个国家自己所能办到的。

【371】我们国家的建筑学专业的邻居基本是工民建、暖通空调、电器设备，之后就是马列、冶金、矿山……在欧美国家其旁系专业大多是雕塑、摄影、动漫、平面设计、绘画、时装时尚、电影、戏剧……真的多有不同。嘿嘿，文科还是理科这是个问题，我们倒是有种培养科学家的味道，而他们是在培训生活。

【372】今日天津有会——"中国当代建筑遗产保护"，没去成，遗憾。很想知晓当代的、建筑的"遗产"是什么？争取设计向其靠拢也好以后做个标牌。现今能让百姓认可的不论哪一

方面的遗产都越来越少、越来越模糊了，可让当局者评出的杰作、地标、划时代的作品越来越多了，奖状、锦旗、牌匾随处可见，有货真价实的吗？

【373】有人管吗？中国建筑勘察设计协会、中国建筑学会、中国建筑工程设计协会等发来通知：申报大奖，备注是为了宣传等缴纳 2 万 ~6 万元费用。以我 30 年业界知识便知假冒，相信有上当和愿意上当的。有需求就有供给，像是毒品一样，贩毒是违法的，可让你获奖难道还要入刑？以我之见这种行为甚过，贻害更巨大。

【374】忠告：75% 应届高中生都可上大学。也可以说：每十个年轻人必有七个半是大学生，学校、专业都重要，但最重要的还是真才实学。四年大学生活：睡觉、三餐、社交、周末、寒暑假……剔除后没有几天上课时间，自己思考、吸收、掌握的时间就更少了。珍惜！重要的是建立起“活到老、学到老、实践到老”的精神。

【375】朵朵白云、青青小草、潺潺溪水和我；推杯换盏、会上会下、原则规定与我；苦口婆心、推心置腹、用心良苦及我；迎来送往、友谊长久、家长里短会我；咏诗诵歌、笔墨纸砚、诗情画意无我；刚强坚毅、柔情似水、情话绵绵绝我……哪里知晓个中自我。你知风儿在吹，不知它依然飘荡，无我世界依旧鲜亮。

【376】路遇军警夜查，习以为常。忽想：贝鲁特？那也是一种生活，生活是多彩的，倘若素常世界是否依然精彩？不经历，不知晓、不为过。生活原本无过，一切无过，有了即为真诚，真诚就是幸福的一生。话说建筑亦是如此。陌生是我对建筑的最好评价，使得我读、学、赏，现今

的建筑故弄玄虚的太多，不看，眼累心酸。

【377】教师，就是教他知晓的知识和他寻找知识的路径，不会教授他不懂的知识，有规定、有自尊、有计划，所有我们在不同年龄时期的教育都是这样进行的。就连生活也在要求规律化，一切按规律。以我的观察和体验，生活不是这样的，生活很无序，有时也混沌，不知太多，何必自我完美？

【378】《凤凰周刊》最近约稿，实在是抽不出时间写点什么，后来他们从网上把我的微博整理了一下，并起了名字《建筑的自然》。2013 年 7 月 7 日天津有会“中国建筑遗产保护”，整理成《微博絮言 2012》。原计划十年后才做整理之事看来都被提前了，边挣边花但愿不要赚一个花十个就好。

【379】说穿了，我们所做的一切还都是利己的，即便是集团利益、社会利益也不过是个体利益的简单扩大化而已。单凭那个响彻云霄的“以人为本”就够够的，天地、草木、江河、湖泊，万物生灵不过是为人类准备的享乐大餐！没人把自己放到自然生命法则中或为生物链的一部分，我能占有一切、主宰一切、统治一切！无法无天。

【380】在物质无所求、精神有所求的虔诚者面前我们显得猥琐而渺小。到拉萨大概需要一年半的时间，2 500 千米的路程，每天大约走 5 千米，朝行夕止、风餐露宿、遇山翻越、遇水渡过，没有什么自然的力量可以阻止朝拜者的前行。这是他们毕生要完成的心愿，追求的是一个心灵的归属，那是一种忘我的境界。也不知建筑的朝拜圣地在后方。

【381】非常有意思的是：我对孩子说得越多，他反对得越多，我们的交谈基本是在辩论、互相批驳中结束。关上门之后，实际生活之中又把各自的想法在现实中体验，久而久之对问题的看法变得立体、色彩斑斓、复合混沌起来。不定性的、不确定的结论远比确定的更具有创造力，让每个人以独特的气质活在自尊之中。

【382】刚过完成人礼的孩子对我说："老爸你好萌。"哈哈哈，"萌"的解释有许多种，最多的解释我想大概是"老黄瓜刷绿漆——装嫩"吧，嘿嘿，许是这样的。也有一种可能：到了一定年纪，原本简单的事儿想得就比较复杂，比如忽然有人问我一加一等于几？我会一时答不上来，并不是急转弯，而是经历多了简单变得复杂起来。

【383】1941—1945 年，在伟大的卫国战争时期，在希特勒打到距离莫斯科 18 千米之后苏联红军又攻克柏林，城市、乡村、生灵涂炭。故事可以由朱可夫讲起，也可以从大狼狗说起，不同角度和立场都能活灵活现、可歌可泣。这就是一个并不遥远的历史，本可以这样为什么却是那样？

【384】德国国会圆顶尖上再也不会飘扬苏维埃的红旗，即便曾经是永不撤换的现在也换成了俄罗斯三色旗帜！国家可以合来分去，倒还真没听说哪个民族消亡。不论高贵低贱，生存的权利在当今这个世界得到了足够的尊重，文明往往通过不文明的手段最终达到其目的，人类的进化有时是十分残酷的。

【385】建筑及建筑学实在是太接近生活并与生活同步，有时不自觉地

超越了生活。把科学、思想、哲学、历史、民族、宗教……放到一起搅拌或堆砌会是什么结果？想想在拌面放盐、醋、糖……会是什么？解构？后现代？尊重历史传统还是现代文明？又在想：毕加索就是抽象画，托尔斯泰就是作家，纯是美，精专是美。

【386】不明白许多，先说“工作”吧。当代的理解大概是：有单位、有岗位、有身份的“正规人”。就是说除了上述“三有”之外便无工作了，所以高中、大学毕业的目的是找工作。事实上无处不有的就是工作。这里提示：远古的狩猎、刀耕火种的经历，工业革命前后、“文化大革命”迄今，所谓工作之外的工作更精彩。

【387】说到工作：居里夫人、爱因斯坦、安徒生、米开朗琪罗、列宁、毛泽东……这些非凡的工作者从事着非凡的工作。雷锋、郭明义他们是岗位上有贡献的人，当代人是有工作和为了工作而工作的人。我以为：自由、浪漫、快乐地从事一件喜欢并有利他人的事儿极乐。

【388】值得庆幸的是，喀什远离了大城市的喧嚣，远离“高智能”与“现代化”的浸染，它依旧毛驴车、羊皮鼓、长辫子……有时地域的偏远、文明的迟误，也许真是一件幸事，殊不知21世纪初的许多城市正走向消亡，变成一件僵死的古典大雕塑，其城市的机能尽失，仅仅供观赏与赞美以及给政府带来巨大的旅游收入。

【389】生活不一定要有目的。但凡追求目标的人都是咬紧牙关坚挺之人，这不符合上帝、真主、老天的本意。羊儿在自由自在地吃草，燕子在空中飞舞翱翔，鱼儿在浪花飞溅中欢悦，就连胡杨、白杨、红柳也在

那里静静地吸吮大地的乳汁和懒洋洋地被阳光温暖。不知道它们最终的结果，结果不属于他们，也无暇顾及结果。

【390】北纬 30 度，当然是带状的区域，这个区域像是甜瓜总有那么一个部位是最甜的一样，30 度给了我们人类太多的灿烂、娇美、灾难。空闲了可以围着转一圈，至少可以捧地球仪看看。版块大多是东西合与分的组织，而南北分多合少，就像西瓜总是纵纹断无横纹一样，三大宗教孕育在此，远古、当代战争源发在此。

【391】拿哥伦布航海说事已时过境迁，拿今天的立场评判历史自作聪明，以当代视角断论未来愚昧无知。疯狂地探索刨地球的根基得到一个如同孩子掰开父亲的大手看看攥握着什么，财主在挖地三尺寻找属于他的金子。那一点儿美好、那一点儿朦胧、那一点儿希望都在翻腾中荡然无存！不知是知的期盼，不为是为的结果。

【392】烟有水烟、旱烟、雪茄、烤烟、生烟，抽的形式、时间、地点、次数、目的各有不同。一般不太讲究的买成品烟，撕开即用，也有注重过程的买烟斗、雪茄，有的人来去匆匆讲究快，有的人悠闲地慢条斯理品着雪茄喝着红茶。建筑设计也是如此，有的急功近利、有的传承历史。

【393】“吸烟有害健康”，这不假。人的健康是多方面构成的，只是抽烟较为容易控制而已，那么多危害身体健康和寿命的事不大去管，可能是难！难在哪里？经济、利益还是钱在作怪？戒烟不是问题的根本，生命的本质才是问题的提出。垃圾的建筑那是你的看法，他人正在沾沾自喜，戒得了吗？戒也白戒。

【394】“房子”这个词比“建筑”要好些。古今中外建筑多被称作房子，不管变着法儿换着迷彩，百姓还就是认可土得掉渣的“房子”。建筑是一个过程，房子是目标，把过程作为目标就是游戏、自我的娱乐。房子是原初概念，建筑是概念物，闭合得完美。不如试试把建筑设计称作“房子设计”如何？不难懂但难做呀！

【395】哈哈哈！建筑设计叫作房子设计，建筑师就是“房子师”了。有点乱啊，嘿嘿，当成符号就不乱了，固化的符号会变成真理。原本是为了区别，不留意成了特有品质，矛盾性、混沌、变化都被符号僵固着，房子师可笑但不好笑！严肃地说：生活是不能戏剧化的，自以为旁观者的孤傲，正折射出三流演员妒忌的心态——葡萄很酸！

【396】好像是高尔基写过自传体三部曲：《童年》《在人间》《我的大学》。他的散文诗《鹰之歌》《海燕》，我在年少时也时常背诵，他的童年是动荡不安、艰苦的岁月，“痛并快乐着”。他没有上大学完全靠自己思考向社会学习，于是更接近生活，更能体会生存的意义，建立时代的世界观，于是“让暴风雨来得更猛烈些吧”！

【397】文学可能已经死亡了，作家也许真的在家坐着，出版社不出书只做商务。从森林砍下的树木进入工厂，几台电脑前晃动着几个人，搬运、邮寄、发布会，签字、放炮、合影之后回收、漂白再作他用。这叫循环经济环保可再生低碳，每个过程、每个结果都“GDP”了，就是文化和思想“250”了，当今四肢发达好过头脑简单。

【398】我们人类自以为了解我们所居住的地球，自以为我们身为万物

之灵，可以主宰这个星球，可以任意挥霍地球上的资源。我们看得见自己的成就，上外太空，潜深海底，到处是高楼大厦，灯火辉煌；可我们看不见由于自己无知以及局限为这个星球造成的灾难。

【399】世界有名的大桥。第一次从晨曦中、从薄雾里、从缓泊处，与海鸟为伴，与清晨朝阳一起走来……这个视角观察事物尤为值得，不听传说、不看美景、不凑热闹，自己用眼睛、用心看世界，天、地、海及其他动物和我们，还有那座桥。这幅图片中随着时间的迁移，桥最先离去。亲历过的感受才是自己的。

【400】当现代化城市走向过去而变成传统，今天的辉煌仍旧为明天的市长增加更可观的税收，旧城市正在消失，新城市不断涌现，似乎是一个绝好的循环。从终点又回到起点，才发现又是一个新的陌生。衷心祝愿沙漠中的喀什始终荡响着欢乐的“麦西来甫”，依旧大漠孤烟，这难道不是美吗？

【401】20 世纪 80 年代的西苑饭店是中国豪华级的酒店，同时还有长城饭店、亮马河等，要说风采依旧 30 年不落后它算是一个。场地、行车路线、大楼外表、内部装饰可以说没有任何改变，包括客房的门把手和猫眼，更不用说花岗岩的大堂四壁。那时我在它门前小的“金水桥”的照片是唯一在酒店门前的留念，历久弥新说来真不容易。

【402】通过访问奈良、京都、姬路、金泽这些日本历史名城以及与立命馆大学教授佐佐波彦秀的交谈，我惊异地发现，原先国内介绍的日本传统建筑及古城保护，竟与实际大相径庭。日本大多是再创重塑型的保护，甚至在某一区域“闭门造车”，想造一个古镇，只要有了图纸，大概一座名城、名街就诞生了。

【403】我设想，以旧城区为中心，以道路为纽带，将新城引向城东，新旧城的联系通过道路、空间、建筑形式、过渡区（新旧城用吐曼河两岸渐变向各自建筑原型靠拢的地段）实现。这就要求确立旧城区为包括新城区在内的城市核心，但由于原有的空间、尺度不能满足新城的承接能力，因而，旧城的改造就显得举足轻重。

【404】保护旧城区的艾提尕尔清真寺的历史地位，进行符合现代城市生活所必要的改造，如街道的拓宽、各种设施的合理设置等，更重要的是古城精神的再塑，使其成为旧城活力与民居相连的“面”“线”，从而提高传统民居的使用舒适感。保护传统的街区，并使那里的人们能继续得以在熟悉的环境中生活。

【405】只有这样，方可避免国内外许多名城的遭遇，虽保护了古城，并使其具有历史价值与学术观赏价值，但却失去了活生生的居住生活，失去了民居原本的活力，而变成了

一座死城，或曰观赏僵化的“故城”，这种特殊城市形态的本身，是重要文化价值的空间载体，后人是没有资格摧毁前人生活轨迹的。

【406】历史文化名城——喀什，在漫长的历史发展过程中，自觉或不自觉地保护与发展古城特色，迷宫式的街巷格局和独特的宣礼塔，利用复杂曲折的街巷体系形成较多的绿荫和阴影；空间摆脱那种街巷和庭院，公共空间和私隐空间明确分隔，表现出密切和睦的社会邻里关系，使空间更具有包容性。

【407】维吾尔族人巧于工艺，对空间组合具有天才建构灵感，尽可能地充分利用环境空间，善于将邻居的建筑或绿化，有机、有选择地组织到自己的庭院中来，以求在较小的空间中获取更大的空间视域。该高则高，遇水巧借，见树保留，空间变化追求自然。故所形成的空间形式绝少雷同，显现出不同于其他城市的异化面貌。

【408】以前海那边、天之涯、黄沙边是征程的起点或电影中的终点，“黄沙吹不老岁月”，“海上生明月，天涯共此时”，“请大海全部带走”。科技带来了文明，驱赶走了沙粒、海鸥和茂密的森林，也带走了人们的叹息，怪不得有那飞行的速度、瞬间的彼岸、来不及思忖的人生。我疾步孤独地走向机场远望那乡间的小路。

【409】值得注意的是这种地域准文化、准交流反映了城市发展所应遵循的原初思想。生活在西域的民族很早便能够创造出独具异邦特色的建筑形态。此地古代是欧亚交通的要道和东西方文化沟通的枢纽，有十多个不同民族，长期的地缘文化建筑形制已不能简单地用以区别各民族的

特征，这其中包含了原住民长期历史遗风做法的传袭。

【410】一人世界亦抽象。看到近十年的玉麒麟独独枝繁叶茂，一点儿水、一抔土、一缕阳光足已。满意地享受着孤独，认真地一寸一寸生长，老枝犹绿新枝盎然相得益彰，没有外来攻击依然长满坚硬刺儿，那是它的原本。原本很重要，本分亦重要。做原本、守本分也就本来如此，变幻的营盘，不变的自我！

【411】昨天北京暴雨被说成61年不遇，每天都在跨越、创新、刷纪录！时间或者事件抑或是“实践是检验真理的唯一标准”，忘了？自然是人类的老师，有表扬也有批评。61年来城市承载着车水马龙，铺上了厚厚的混凝土，生长着快速的GDP，不能让城市总是处在竞争比赛的状况，大地也很累。

【412】看生活如同看建筑，也可以认为是看电影。欣赏快乐与痛苦、战争与和平、睿智与愚笨……只是观看。空气好些了、心情不那么压抑了、日子不那么紧张了，一切拉近自己，重在参与，可不得是浑身酸痛，有些空间是与己无关的，有的是根本就不存在的杜撰。模糊数学其实也是算得清的，本质就是自己。

【413】今天开始，为玉点院十年院庆编写一百篇短微博以示恭贺。“玉点”是21世纪中国建筑设计界改革的产物，建筑设计师重新反思的结果，设计师团队意识重塑聚合的认识，建筑设计自我精神和社会责任构架形成，生存与事业、创作大碰撞的冰河与岩浆迸发融合期，非既定性、混沌、跨界发散思维与锁定目标并存……

【414】10年，不长亦不短。寂静穹空陈涌着繁星点点炫亮，刹那璀璨壮丽。长河流淌着炽热滚滚洪流，瞬间灰飞烟灭。多少心绪随云飘逝？几多啼血和眼泪？赞美流星碰撞瞬间的耀眼光芒！歌颂大河汹涌澎湃的浪花飞溅！留下一片晶莹夺目的星光，砥砺了一颗颗无瑕的璞玉，那便是我，便是玉点的我们，不长亦不短，10年！

【415】那时之前，中国只有几个特别特殊的人和团体建立了初步的非公有制的设计事务所，比如：大地、华艺、中京，在当时像是遥不可及的事儿，璀璨得让人眩晕。花儿虽好但种植的土地有着根本的不同，于是，越来越多的团队建立了、自生自灭了，适者生存有时并不都很实用，因为环境在变，难以适应……

【416】适应就是陌生的开始、变化的起点。世界变化得太快，永远跟不上时代的脚步，我们只是走了我们能走的那一段路，其间，更多的志同道合在这条理想的路途上奋进，或许有曲折倒也生趣，好在不多，走好自己的路就是所谓的人生价值了。不论路面坎坷、周遭风雪、烂漫山花，经历了也就快乐着，一路走来，不问何去何从。

【417】想来也一样，一亩三分地还有热炕头。这是迄今让我感到温馨的向往，这样的人多了就叫志同道合。2002年12月29日去工商局把事儿办了，就像结婚登记那样简单。恋爱过程是快乐、烦恼的，过日子是幸福、漫长的，这得好好把握着过。我们需要一个什么样的氛围？在做一件什么样的事儿？

【418】“玉点”是在一个下午和朋友聊天说到“图圣”“西部”“新域”，

太大的名字承受不了，累！随口小到一个点儿，质朴像白玉，那就“玉点”吧，只想着不招不惹地做点儿想做的事儿，生小养大这是村上人说的，算是传统了吧。有次崔愷先生说：“点玉不是更好吗？”好是好就是有点太大家了，怕闪了腰。

【419】第一个工程是美克大厦，3.7 万平方米 20 层。方盒子抠洞什么减法的，前几年热议“加减法”小学概念指导设计，没说的了。没有文字介绍、没有图片显摆还获了新中国成立 60 年创作大奖提名，应了“不争是最大的争”，都用不争了，看了好才踏实，争奖的本质就是设计心虚另有目的，这很浪费情感。

【420】中国不多见幼儿园分少数民族班和汉族班。所有的吃住活动两套，N 字形左右南北向各为教室，中部连廊加厚公用，没雨棚，墙身涂料，后来美术老师也一展身手，不多年旧貌换新颜，也好，都试试。南疆种棵树不容易，就不勉强了，没有草坪、没有大树、没有水池，本该如此，别做劳民伤财的样子货，楼不高但挺耐看的。

【421】迄今为止，公共建筑特别是较大规模的都是竞赛胜出的，这得

感谢所有的伙伴们，如果说有什么特别的，那就是除了建筑师外的结构、设备、电器后勤都参与甚至决定了方案本身，再有的是反应速度快、理解能力强、执行完全彻底，共同价值认同度高，这很难得，固执的、虚荣的、自私的行为非常少。

【422】什么是一个企业的核心价值观？这是所有理论家、实践家、成功者津津乐道的。我不以为然！一个企业根本就不需要什么价值观，更不该有企业的自我核心竞争力。因为：①企业的价值就是社会价值；②企业的根本就是利他的集体；③企业没有多元价值，只有一个，就是职业主义精神。放松地管理、放松地工作。

【423】杨老走后，一时没有心情说说建筑，勇气来自于玉点的所有，还得继续画图，画得更真实些、善良些、负责些。飘着来飘着走，没带走什么，同样也没留下什么，留下也是影响，阴影的“影”，恼人的“响”。扩大的自己，就不是自己了，一个不属于自己的人是无所畏惧的。

【424】先有建筑，之后多了许多。能住下、好看、好用就是建筑，合理组织就是规划，建好了还要环境，环境成了组合者，是一个圈儿最终都跑不掉，循环的过程就是创新，单一的只是构件，整体了什么都有了，杂烩比淳朴在时代发展的当下更能接受，从质朴出发到分不清的混沌，哪怕是泥泞不堪，不好也不坏。

【425】终于政要嘴里说了：顺应自然、依靠自然、保护自然。这是个巨大的好变化，只是风云际会，我们还有多少需要重新反思改过的事儿呢？亡羊补牢那羊儿永远地走了，为时已晚。战战兢兢地、小心翼翼地、

充满爱意地对待眼前发生的一切，尊重了它也就保护了自己，爱自己就先爱它吧！这是博爱吗？

【426】忽然飘来久远的香味，平凡普通的生活是玉点的精神，不去让别人感到高尚也不想引起注意，挂到嘴上的低调不如不说。设计和种树、擦皮鞋没什么本质的区别，生活的分工、专业不同而已，鞋要擦得亮、保护皮革，还要省钱，建筑的建造不也正是这样吗？鞋不穿不行，伟大的皮鞋匠和建筑师在职业集合点上的考虑有时是相通的。

【427】住宅量大钱多，都去当住宅设计院了；公建出力不讨好费脑子，那就让玉点来做吧。这段时间以来钱有了又想名了。那玉点去南疆、北疆塔县布尔津做点儿民居小楼吧，总之玉点做的是被遗忘的、不热闹的、没意思的。做什么都要有目的、有意思吗？别人的意思还是自我的意思？真有意思！名利不是玉点苛求的。

【428】在我心中永远的：老家青石砌筑的房、上学看到的半坡遗址、前三街的瓦屋顶、阳平关半山腰老乡的竹屋、乌斯塘布衣的民居。老了的回忆还是历史的记忆都还说不上，只是一个铭记。当代许多大建筑、超级巨星我还叫不上名字，在这方面羞于交流。时常浮现的有一种植物叫红柳，有一种砌筑方法叫干打垒……

【429】设计不如说是感受设计的结果，常说过程的重要往往把目标作为一种结果一个终结，其实，结果并非是固化的，结果也是另类的过程，结果之后仍然是结果，于是，不要为得不到一个结果而去掩饰自己对生活的沮丧。同样的概念：每天的快乐果真那么重要吗？把当代人认同的

快乐作为生活的指南很无聊。

【430】把快乐、幸福当成每天生存目标的民族是一个没有希望的民族，把活着理解成享乐同样是没有灵魂的僵尸与躯壳，把生命的短暂称为无奈的煎熬是对生命的亵渎！人类进化的结果是无休止的扩张与日益膨胀的欲望，甚至我们不屑一瞥的动物，它们实在是没有进化，可是它们自由自在地生活。

【431】建筑师从来都是主观的，我们的任务就是如何使主观变得更加客观和尊重生活空间，创作的过程本质上就是包含和表达人们的感知，学会和其他人一起工作，所有的结果都不是一人所为，无论如何生活在环境中都必然得到空间的引领，爱自己时要懂得爱你周围的所有，包括空气。

【432】写作是一种炫耀，抒情是一种宣泄，告诫是一种虚伪。我会不自觉地这样，但我知道尽可能地不去炫文采、不做煽情事、不说违心话。人心从善就是希望就是阳光，生活就是一个由恶变善的过程，关键是出发的原点与不得不到达的终点，一条线段而已。直或曲这并不重要，不在乎长短，也不管是否精彩。

【433】呵！友为七夕送诗，看来是炫耀、宣泄、虚伪？此刻不妨读来：“林隐农家，岸伸角楼，觉然犹入桃源。问柳荫村舍，燕低河边。声断天涯已远，芳草路、冷寂荒园。旧楼台，人来把酒，日落生烟。年年，此时有约，吟就鹊桥仙，墨迹陈斑。唤白云野鹤，飞渡苍怒。凭栏处，曾经夕阳，几度青山。”呵！

【434】眼前的东西，怎么看都是实现了使用功能之后，才产生了美感。这种精美、简洁的质地几乎都是由功能本身决定的，技术之美、材料之美、形式之美几乎都是因为功能而诞生的。我不是说“功能决定形式”，这事儿很蹊跷，似乎美是可以再造的，原本没有美这回事儿，美不美人说了算。

【435】学会之后好用是美，不懂搞懂是美，陌生熟悉了是美……看来美是过程后的感觉，当“美了”就不再美了，这是个循环，一个人的循环、社会的循环、时代的循环。不同的立场、宗教、意识决定着美的标准。红色也许是邪恶，白花也许是吉祥，认识不同美就不同，天下没有统一的美，于是自我最美。

【436】怎么看 70 多年前老爸亲手打就的紫铜漏勺最美，怎么用都觉得那么的顺手！传统与情感是一个乐意，只要如意就是最好，不论贵贱贫富。枪声下破旧的金字塔、缺了眼睛的千佛、残臂的维纳斯……好像在诉说人类即将丢失的就是世界极品。为什么会毁坏？为什么会丢失？仔细想。

【437】80、60、40 公斤每平方米含钢量，同一个建筑项目不同部门给出的结果，有规范吗？严肃的事情在当代中国总是被儿戏，“走路死”、躺下挨枪子、刚用一年的大桥坍塌……把城市建设当成立巨大的布景和舞台，穿衣戴帽，粉饰太平，文过饰非，就是不做基础实质的事儿，这还不如作茧自缚留下丝絮。

【438】“简约但不简单”，不简单的简约就是为了简约而简约，这本

身就是一种奢侈！凡是奢侈的就一定是高成本的，为不同而不同就是装模作样，简单远远比那个广告的简约更真实。生活是简单的，倘若简约那就是一直生活在束缚之下还有什么生活的乐趣？“高贵者最愚蠢”“愚昧者最聪明”，不是吗？

【439】作品的好坏是由环境、舆论、社会价值决定的。追随社会的就是时尚新闻，创造新闻的人和事这是社会的必然，不是你就一定是他。于是有了政治、文化、演艺明星，那一颗颗靠别人照亮的星啊，什么才是你的真彩？照亮别人的他总是在远远地微笑，星星只有在相互碰撞的那一霎才露出本来的光亮。

【440】平静甚至是平庸的工作在我看来是一种浪漫、一种享受、一种奢侈。一年四季不变的自然法则，没有比它更规律、更守时的了。规律的是星球，不规律的是躁动的动物，秩序控制着紊乱，理性制约着感性。是前者太古板还是后者太无知？跟随时空皈依自然就是现在玉点的境况，这当然很好。

【441】连大样都是亲自勾画的，筑成建筑实体，看起来却是那么的陌生。宏伟蓝图未必就是你的原初，远处的空间和狭隘的思维是不能把活生生的建筑加上环境、情结、时空充分表达的。这就是非既定性所引发的后思维状态，一种过后思量并加以再创作的结果。

【442】被自己感动是人性再激发的情状。原点、出发、结果可能都不准确，结果可能正是你想要的开始，事过之后才知道原本并不是那么一回事儿，于是悔恨自己的当初，为什么不一开始就是结果呢？这样的反

问很幼稚、很无奈，也很无聊，一去不复返的不仅是时空，更多的是我们的所作所为。

【443】茶座第二讲“看图说话”四小时一口气很急，恨不得把我所知道的、认为的、能做的讲个明白，权当经验和教条批判性地再思考，倒不一定是使听者少走弯路，因为有的弯路也许是不得不走而且很有必要的。使我长进的两句话：“这位同学徒手线看来很有空间”、“百米比别人快还不行，要绝对地拉开距离”。

【444】有个小朋友说：每当我唱起这首歌就想起了你，呵呵呵！记下：“鸿雁天空上，对对排成行，江水长，秋草黄，草原上琴声忧伤。鸿雁向南方，飞过芦苇荡，天苍茫，雁何往，心中是北方家乡。天苍茫，雁何往，心中是北方家乡。鸿雁北归还，带上我的思念，歌声远，琴声颤，草原上春意暖。鸿雁向苍天，天空有多遥远。酒喝干，再斟满，今夜不醉不还……”

【445】情真意切适合于人类任何活动和事件，不论是国家层面、管理体制、经济活动，还是人与人之间的交往……建筑、规划设计、景观园林、市政……只要关于人的事儿就必须投入真情实意，没有感情或者情感的实践是不是就可以说不是人类的活动？理智只是一种情感的约定。

【446】设计，这绝对是一个大家才能谈及的事儿。规划一座城池、整合一片空间、打造一件精品，非知晓天文地理、古今中外、人间烟火，并具有超强的预测能力所不可。但这在中国城市是可以批量生产的、可以画圈踩脚确认的，单一的原因却决定着复杂的事物，其结果必然会得

到自然的报复，这种报复将是毁灭性的。

【447】建立一个纵向和横向的交流，我把它叫作池子。可以理解成蓄水、污水、清水池。当今不光信息是爆炸，人人都有自己非常鲜明的个性和特点，在这种释放的自由空间情况下，我们不说污水是如何如何的浑浊，其实站在不同的角度去看，浑浊和清澈两者本身是一个词完整的集合体。

【448】存在或者叫世上存在的任何事物都是或者是都在设计中。意思是在我们的认知范围内，所有的一切事物都是人类自己设计和人类相互之间设计的。组织秩序现状及总结经验是对陌生事物的一种杜撰。我们所了解的一切只能做到此时此刻的合理，然后再把这个合理性进行组织、集合、重组，变成秩序。

【449】早上遛弯知道哪里有一块石头，下雨要带件衣服，顺便挑选自己喜欢的裤子和鞋子，挑选的过程本身就是一种设计。人与人之间相互交往，就是一种经验的组织，设计还要对你未知的那部分设下伏笔，预测明天会发生什么。刷牙、洗脸的程序是对的，刷牙多少次不一定要记住，挤多少牙膏、发多少泡沫你是数不清的。

【450】设计是一种生活态度和理想。如果做任何事情都没有一种组合的意识，没有一种陌生感的意识，没有从不懂到懂的这种追求过程，生活便是无望的，也是没有理想的。有的人说生活是一种重复，如果生活是一种重复，紧接着后面的词就是无奈，无奈后面的词就是痛苦，我想设计也是同一个道理。

【451】一个设计人就是一个节点，这个节点必是历史的、未来的、现状的。所有的知识和经验的包含性，对于知识空间的储存和对于知识如何应用于当代，如何让你认为的知识与大众所认为的知识形成一个反叛，反叛知识本身的过程是一个搜罗知识的过程，所以要学会反叛，经验使得我们对以往发生过的因循守旧的桎梏记忆犹新。

【452】依据经验很容易犯经验性错误，冒烟的一定是由于热而冒烟吗，夏天的冰块它一样冒烟，但却是冷的，经验告诉孩子他都是娘生的，但是经验又犯了错误，孩子不一定都是娘生的。数字化、信息化无时无刻地在改变着我们的空间和生活，所以经验很重要，但是不是迅速变化时代的唯一依靠。

【454】教条也非常重要，因为它在总结经验的基础上，进行有条理的梳理，把更本质的东西形成了文字、规律，来给我们最简短、最便捷的指导，它像一盏明灯，指引我们前进的方向。但是教条也会犯错误，因为明灯总是射线，就给你带来了无穷无尽的灾难。

【455】设计人必须要具有历史感、现代感、未来感，掌握传统经验和知识，对现实生活具有敏锐的观察力与运用力并对未来有强烈的向上、

向前的动力，对生活有十分美好的憧憬与热爱，只有你对过去的历史有个传统的认知，这种历史感才会让你觉得人类走到今天是很伟大的。

【456】没有历史感就没有现代感，更没有未来感。没有历史感的人不是一个健全的人，就像是一个暂时的、随时可以替换的舞台，表演之后、镁光灯闪烁之后的一片孤寂……有历史感的人不孤独，不害怕，因为他已应对，曾经走过的，他可以面对今后的所有，这很自然，也很自豪，因为他有历史感。

【457】有一首歌叫《我的未来不是梦》。其实我就希望我的未来就是一个梦，既然叫未来，为什么不是梦呢？你把未来当成一个事物、一种境况，你认为是一个梦想，梦想成真。那我说梦想的时刻就叫黄粱一梦，梦醒的时刻就是人生的万念俱灰，所以保留那一份梦想，追逐那个梦，实现、体现你个人价值。

【458】个人价值就是你得不到的价值，在人生追求目标的过程中，体现理想、体现追求目标的时候，只有别人看到你身上的价值，而你自己却看不到，实现个人价值是属于你自己的，体现个人价值是属于他人的。体现了个人价值的时候，你没有得到可别人得到了，授人玫瑰手留余香，你更伟大。

【459】保持对生活具有很强烈的敏感性，每一个人都是这样，一同建立起人生道路。社会发展过程中，有各种各样的艰难险阻，危机四伏的不同境况，不管大漠、戈壁、荒原还是伸手不见五指的夜晚，我们相伴而行。要有向前的动力，对生活充满美好的憧憬与热爱，相信生活越来

越美好，你就是设计。

【460】生命的意义不是年龄的大小和你能够生存多久，生命的意义很多人会说在于它的价值和奉献或给别人留下些什么？我思想比较矛盾一些，我此时此刻很想说生命的意义是不要刻意去想给别人留下些什么，甚至也不要给自己留下些什么。生命的本身就是这个过程的本身，之后是个生命的轮回。

【461】第一很多，从来自己第一，你也第一，你不是别人的第二。在我眼中的所有人都是第一，也认为自己是第一，每个人眼中在看别人的时候也认为别人是第一。你说我第一了，还给别人是第一。他是王家第一，我是李家第一。所以我就是第一，我还要赞美他,他就是第一。总之，以良好的心态观察事物，客观权衡此与彼，而不是主观上的抑扬。

【462】当你把你身边所有发生的事情和你自己发生的事情，无论是痛苦的，还是快乐的，还是他人幸灾乐祸的，还是你以为自豪的、别人骂你卑鄙的，抑或是别人

赞美你的，它都属于你，都应该拥抱它和热爱它，要有一种珍惜自己所拥有的一切的态度，我接受的都是每个人对我的真诚。

【463】自由度和约束度共同消融的一个场合，这句话比较绕，这里为什么提到一个自由自在、无忧无虑的自由，因为它浪漫、阳光、自在，这就是人骨子里要追求的，或者说不论你追求或不追求，它就是自由的，困了睡，睡醒了起床，起床后吃饭，吃完饭做事。你不能不做点其他的事情，无论去说去做还是去想，总是你自我的实践。

【464】尊重每一个人的自由和理想，不得不设置一个约束。每一个人都希望约束别人。自由度和约束度为什么要放在一起？因为它们是不可分割的。要消融的场所，消融到什么地步呢？消融到在你心中从来没有自由两字，如果你总想着争取自由，你就是不自由的，没有约束的意识本身是非常“自由”的。

【465】是不是这样：为遮风挡雨有了建筑，不管今天看来它是多么的简陋，房子多了就要有个秩序和均好，于是有了大家协商的过程也就是有了规划，城市让建筑、道路、广场等铺满了，没有人们喜爱的环境和空间了，于是园林风景宜居应时而生，是建筑造就了城市还是城市组织了建筑，抑或是需要对景观加以整合？

【466】规划使得城市制度化，园林使得城市自由浪漫化，建筑使得城市个性化，轻轻地问：这对吗？秩序、自由、个性放到一起很是刺眼，像是西红柿拌糖——酸甜。据说人类发现糖犹如给自己喂了一副毒药，西红柿太酸了来点儿毒药，吃起来爽可未必对身体好。事物总是这样，

今天的“发展”许多是偿还先前的孽债。

【467】无非是从整体走向局部、局部扩展到整体，不同角度的逆反成就了专家，也许说的是一回事儿。整体来的最后都成了艺术家，局部来的后来都成了哲学家。一个是以大概小另一个是以小见大，来回着把事情是说清还是搅浑？鱼是离不开水的，水可以离开鱼，至简的道理如今越来越复杂了，还是专家太多？

【468】“一路飞机一本书”是我说的。如果忙着看书了，恐怕也不用“打空姐”了，真是无聊时间无聊事。刚刚接受了一大报记者的采访：请谈谈“中国好建筑”。光这问话我就半天没回过神来，那“鸿雁”好声音伴着好酒还没醒呢，怎么建筑也要寻找好建筑，莫非再来一瓶？好建筑是要寻找的吗？头一遭听说，哎哟！

【469】还是回答了：好建筑不用寻找，建筑简单地分好坏就像文化有贵贱区别一样的粗暴。在西部 30 年，大多做的是平民建筑和与黄土、沙漠打交道的事儿，在创作上谈不出什么体会，走在戈壁荒原上常有些古怪的想法，好在六分之一小建筑惠及大众更能抗震，并常伴随着低碳与环保……我还得走下去。

【470】玉点的介绍记录一下。玉点（WIND 新疆）建筑设计研究院有限公司由精明和睦的伙伴构成，是专注于公共建筑设计和相关工程咨询业务的国家设计咨询甲级机构，被誉为当代中国建筑设计百家名院。以“树质量意识，立企业形象，创时代精品，造世纪风范”为自身价值取向。设计工作高效、精致、剀实。

【471】玉点拥有地域、时代、文化性城市综合体及包容特质化项目设计的实战水准，以独自的理念彰显时代价值取向，致力于提升产品价值，以超然的设计理念、丰富的设计经验、质朴的设计作品、精准的质量和成本掌控、良好的项目认同为己任，以大漠、草原、异类自然地域为背景，铸就新空间、新环境、新生态。

【472】孝道、责任、阳光，不论何时我以为这些都是极为重要的。知恩而感恩并非是施恩者的初衷，担当而负责绝非是作为者献演，真诚而质朴莫非是灿烂者原本。一切归为原初的质地，在后天才显现胸怀与品行！原初不可学习不可更改，后天则可以改进乃至于伪装，只要有自我透明无我的状况，那还有什么患得患失？

【473】有史以来就没有人留下什么真正的一世英名。已知的所有不过是时代的需要和人们情怀的借用以及旁证、取笑的“活在当下”的翻版，还有历史吗？奔向一个无尽的大海有未来吗？现实的多，浪漫的少，功利攻心、谎言攻情，哪来心情？时之长久荒谬则成真理，沧海茫茫哪里才是人原本的家园？

【474】小建筑大想法，大建筑小想法，学生就是这样。那时一个茶室就是一个世界，到如今一幢大厦不过是盘中餐，目的不同。纯洁的目的决定磊落的过程，浑浊的结果一定来自阴暗的内心。阴霾的心态怎能拯救飞来横灾，后怕“废品的报复”，设计者还真得好自为之，我们都有明天。

【475】当代人越来越多地学会放生了，虽然人工饲养的未必能在自然

中成活，不过这倒也是一种进步。人类能否发个慈悲放生自我呢？现代造城运动上演了“围城”的现实版，往来的结果村不是村、城不像城，所谓的城乡一体化，其结果必然是生态、生活方式、生存空间的“大同”，哪儿去放生？

【476】没有差别就没有活力，城乡高度一致最终是以重新打破这种平衡为目标的，深受其害的是百姓，要再次组合。组合的方式往往是残酷的、非人道的、彻底的，城乡规划的本质意义是妥善编织有机互动的生态循环——差异性互融。任何以功利为目标、短视为先导的做法都是对我们赖以生存星球的破坏。

【477】难怪我推荐看看丹纳著、傅雷译的《艺术哲学》一书，很多人说：怎么没你说的前后黑白的插图呀！也是的，今天翻了翻2012年版的感到全然不是我七岁时读的原貌。译者比作者靠前，且字体比书名还大，绿皮粉红色的扉页，前后再版者加了许多废话，把一个绝世文学著作肤浅粗俗化，也配出书？践踏艺术！

【478】人为的空间界定就像一根线条两个世界，划分着时空和文化，区分彼此空间的依据是大私有的结果。春夏秋冬亦是如此。空间也是这样被美化、被爱、被欣赏着，我们约定的空间之美。美是需要培育、熏陶、制定的，历史会把所有的美包括以为的丑都一遍又一遍地轮回，美丑不分。

【479】做不了几件事，做了的大多数也是重复的。在有限的生命里，有一件自己和他人共同经历并享受的事就很不错，能重复地做事就像是重复地生活这很难，重复地生活、反复地经历是一种美德更是品行。于是在我的世界里基本没有创新，画图、去工地、拍拍照片这和种粮食的人没什么两样的生活，我感到很充实。

【480】身边的人主要构成了我的生活空间和环境，以独我融合到局部的整体，之后又以局部的整体与相仿的整体接触、体验着。不在乎自我的时候那就是沧海一粟，也就没了理想当然更没了怨恨。理想总是自作聪明的，也是排他的，亦是徒劳的。

【481】也许院校该开设一个新的学科（因为实在是不愿意谈“专业”），将规划、园林、建筑合三为一，起什么名字没想好也怕固化形式化了。总之是研究人类生存空间与环境的事，不过好像也解决不了问题，这水深着呢。还是不得不回到人个体的生存观，以上三者想要做得地道还真的需要相互学习与渗透。

【482】蹊跷的是：规划、建筑、园林的教育是同源的，与前两年大概学的“之乎者也”大同小异，到了末端却分道扬镳，走入社会愈演愈烈，成了隔行如隔山了。本是同行自立山头，割裂了的环境、空间也就都成了盲人摸象，都说得有理就是与实际相差太远，不知是体制还是行规，抑或是自我陶醉在忘却的娱乐之中。

【483】生活中的基本元素和物质构成有许多至今未曾变化。倒是四周发生着改变心情、缩短时光、跨步行走的事件，停不下来的不是岁月而

是人们超强的欲望，当把时间远远甩弃而自豪之时方才大悟，原来也甩去了生活。始终没有自我的生活，一个可怜也可恨的惨淡人生。

【484】想好了就叫“南山居”。那个“180”——一个可耕作、炊烟袅袅，朗朗笑声、与世隔绝又无不通晓的地方，建筑师做饭、规划师洗衣、园林师种菜的地方，换了位的日子一样生活，哪样活着不是一种生存？家庭是一个原宥的故事，一个自编的童话，一个脱离初衷的院落。秋风就要徐来，那树上的叶儿早已盼望着随风飘荡。

【485】跨界有两种人，一是界内没他什么事儿，学得不深用得不精，四处闲逛以为谋生，其结果是害人误己；二是风采四溢，照亮界内又顾及界外，无意跨界而内外皆知。混饭吃与送饭吃原本不同，不是学识更多的就是睿智，还要有些天然的质地，有些事没有办法，从哪里来到哪里去命中已定，顺应而自敛终成大器。

【486】道理只有一个，不论大小、贵贱、高低。明白“禅是一枝花”也就释然了，做与不做在你、想与不想由你、成与不成非你，还是有因果的。倒不一定讲前世，那只是一个借口，即便如此今生今世为何不为下一个的前世？国，国与国；家，家与家；人，人与人。道理至简，于是，道很重要，过度也就越界了。

【487】用建筑与这个世界谈一谈。话不大只是实在了点，努力学习的结果就是把自己唯一能做的给予社会并得到社会的反馈，所谓建筑竟是我与世界的交点。在此土与石头的故事就是我的世界，即便是复杂的现实就在身边，我的态度始终是“日常”，设计的生活很日常，我与建筑的关系也很日常，日常的世界。

【488】好好生活的定义与善良的回报再真实不过。极度繁杂的世界很容易迷失，把生活定义得简单一点儿就会好好生活，这足够了。有空了去学学建筑，旧了以后如何修缮、加固，不比瞎咋呼差。

【489】除了建筑、道路和其他剩下的就是种花草的土地，这种土地长的得有千年，短的几十年，在反复的耕作、施化肥、各种城市污染下，其质量基本与垃圾差不多，每天看到毫无生气土地上的鲜花总感觉很别扭，土壤脏鲜花假。有多大的城区就有多大污染过的土地，连土都被“催肥”还有什么干净与清爽？

【490】美其实和时尚几无区别，特别是在造美的时代。真正美的东西不是从美出发的，大多是陌生的怪物从新奇到被接受后来又被习以为常

的标志，大众点评的美，不美不行，这是美的重要衡量标准。不美的事物都在未来的日子里一一得到美的发现，像是发掘。原本它都在那！故而，没有对错、好坏，错在不想知晓。

【491】观壶口瀑布，老乡说：来得不是时候，水少的时候最壮观，落差大、有对比、可近观。道理至简，丰收的时候是一种结果，结果不一定就是原初。同一事物不同时期的形态有着难以想象的差异，起初的理想在行进中因非既定的变化而引发浑然不同的目的，不一定都有因果的理性，生命是可以转化的。

【492】阳光照耀下的劳作总是那么令人起敬，能够被传说的一定都是当时最真诚、最勇敢、最透明的人或事件。尽管传说掺有那么点儿现实需要的水分，毕竟传说是美好的或者是肮脏的，但却是久久不能忘怀的。每天我们不都是在谱写自己和他人的历史吗？倘若延续这种生存状态，那就是继续真诚并影响他人。

【493】生命的永恒不在于自我的永久而在于之后的持续。肯定地说我们所做的一切还真的不是为了自身，包括我们的姓氏只是为了区别。他人之外的我们，不去过于在乎自己的荣辱，更不该只是自我地活在当下，因为生活从来都不是孤立的事儿。于是

生活团队其中就显得那么的神圣，为了持续，活在当下。

【494】设计师大都在 16 年教育之后就开始操刀了，这很荣幸。学了就用似嫌迟到的才华，所有的知识与学问的归纳总是有一个过程，一般要经过作者的收集、归纳、总结，加上自己的见解，写就、出版、拿到手里、阅读、思考、掌握，是这个过程吧，算算得有多长时间？这种知识在今天还不放馊了？吃了就泄！

【495】特点就是缺点。没有突出就没有一般，优秀的就一定在某个方面是失败的，虽然绝对了，但却是真实的。我及我的建筑和我的其他设计都是如此，生存的目的是相互弥补缺憾，设计也是如此，越缺的就是越需要的，也就是越优秀的。问题是我们相互缺些什么呢？表象往往是不真实的，要么，表象之下一定有一个潜伏的真实。

【496】设计是一种坚持。没有坚定的思想也就没有完整的设计，重要的是思想要交圈、成体系、框架清晰，“进点儿水”没关系，问题是不能大脑浸入水里，关系不可颠倒，这是原则。只因有思想才会坚守自我信念，固执来自于睿智，走得远看得准说的就是这个意思，都能看明白的事儿，还需要设计吗？

【497】设计不是选秀。但凡翻杂志者、多方案者、集思广益者都是没有思想者。当然必要的学习、不适合设计思维者的再学习不在此列。一利一弊不可兼得，综合的结果、均好的结果不属于具有创造性的设计行业。没有选择的结果是一种无奈，只要承诺就热爱它、完成它、欣赏它。

【498】海拔 3 200 米，有着全世界此等高度的一切特征，没有我们以为的正常生活状态，却是真实的世界。蓝天从没被见过，雪不曾被触摸过，湿地未经践踏过……那是塔什库尔干塔吉克县。圣洁得不忍放眼，哪里有自我情怀的舒放？在这里做设计是幸运的，在这里创作是唯一的。不寻常的头晕是那么的幸福。

【499】在塔什库尔干塔吉克自治县，我们规划过、设计过、使用过，它的成型主要来自于新疆城乡，我为之骄傲，也为之后怕。它的社会发展是多元的、纷杂的、焦躁的，仅仅作为设计师大多是无能为力的，只能尽我们所能。设计一宾馆，还有环境设计，多年没有画大样了，这次恢复一下，室外的设计也要事必躬亲，计划住些日子。

【500】先给起个名吧，“雪云居宾馆”好听吗？设计背景：天、雪、草、石头、牦牛、风沙、塔吉克、石头城、金草滩。路不拾遗是文化，来的都是客是情怀，高挑的鼻梁是精神，挺拔的身板是风骨。设计思路两条：以石头进入石头融合，以矛盾凸显石头对比。哪一种更能体现地域环境和背景下的建筑呢？

【501】近朱者赤，不做同理的事！反向对比不与古城比高低，向自然低头、向环境让步、向石头古城敬礼，退守、避让、隐蔽的设计策略。住得下、住得稳、住得安逸，少花钱、取现材、不规范（规范的往往是通用的，塔什库尔干塔吉克自治县不是通常的）。山想什么？雪要什么？草需什么？塔吉克人爱什么？一切不是为了游客！

【502】“以人为本”不能夸大，我宁愿不提它！人，不是世界、地球、

自然的主人，仅仅是借居而已，“我来了”是一种无知，更是一种野蛮！把石头顺着它舒服地摆放，将沙子轻轻地洗好铺在地上，用草儿依附在石头的旁边享受着沙子的滋润……看那长草的屋顶、潺潺的自然落水、斜阳炊烟伴着雄鹰飞舞……

【503】中国每人每年看不了一本书，更谈不上深度阅读了。记点题目算是读书人和读书了，现实真的很现实。能说会道哪里都需要，我们进入了一个以需要为目的的神话状态。建筑设计也是如此，研究什么是建筑、建造的目的、建筑的意义的人越来越少了，不讨好、不挣钱的事儿没人去做，怪不得缺失信仰。

【504】“取长补短”的结果是丢失了自己文化的优势，将其缺点予以补齐，很是费解的思维定式。长与短是事物的本来，缺失了本质的事物一钱不值。新奇特的浪费一点儿不比20 世纪 50 年代的大屋顶差，带来的是百十来年他国文化的历史，实在是匪夷所思！真心怀念大屋顶了，即便是简单地重复，我以为在当今也是十分必要的。

【505】文化的衰亡必定带来经济的崩溃，妄图以经济的发展强大文化繁荣是本末倒置。满世界的“你幸福吗？”回答的是“我姓王”，幽默的答复充满着失望。根本是文化的本质，任何人为附加的“文化”都是反文化的，建筑设计的根本是功能，任何以文化来说事的都是皇帝新衣。

【506】还是想起爱斯基摩人的冰屋，不仅实用，其形式也美，它来去无踪，真的是“不带走一片云彩”，更不会在意他人嘟囔什么。一生的家，家的一生，生的一家！自然界给予人类太多的启示和警告，乌鲁木齐南边山脚，洁白无瑕的雪在退后，不久靠山吃山的人们难以再见有雪的山。

【507】草坪、树木参天建一温室花房，周圈花岗岩铺地，用反光玻璃遮挡看不到里面，林立的钢构件像是钢铁厂、化工厂，不光密还粗壮，好结实的，建筑倒是很扎眼也有分量，可毕竟就是养些很温柔、很美丽、很生态的植物呀，为花儿建房子还是要使建筑师成为不朽的记忆？也许是业主的需求吧，都怪官员瞎指挥吗？

【508】地区建筑是基于文化差异、种族差异、环境差异比较而产生的。目前所带研究生的课程中就有“建筑的差异与比较”。一种文化刚刚破土而出，另一种文化求异又在悄悄地萌动：当一些人终于在建筑创作坐标中找到自己位置时，又有一些人启碇开航，开始对建筑的意义进行新的探索。

【509】在文化“优秀”的标准还没有订立以前，争论文化层次、文化差异的优劣是没有意义的，也就是说我们尚未建立起公认的世界文化标

准典范之时，说甲文化优于乙文化或乙文化优于甲文化这都没有意义，不过，如果我们拿“适者生存”来衡量、评判文化差异，说谁优于谁，也许并不是没有意义的。

【510】在建筑系同一导师之下的学子，所设计的作品，在同一地区甚至在同一地段上也绝不会雷同，这就是各自的文化差异所致，倘若出现相同的两幢建筑，那么第二个建成的还能称为创作吗？所以我们讲：建筑创作中的文化差异是永恒的，也是时代的产物，建筑师的必然，更是人类文明进步的要求。

【511】许多建筑师的才华和水平堪比中医开药方，在当今百病流行的当口儿八仙过海各显神通，方圆横竖，旋转扭曲，尖锐怀柔，无所不能，直到对方晕菜方才治愈。郎中钱是挣了，被医者看似精神了，只是这药的后劲发作在后日和后人身上，凡事得有因果，末了传统成了只传不统了，活脱一个僵尸，这药看来是吃不成了。

【512】同学余加问：“玉点是不是就是和田玉，怎么那么贵的？”我想也是的。字面“一”为原初，“二”为复合，“三”为无极。“干”、“土”则为专攻土木。“点”山水之利，“王”中一点，求之不多、不索，取一点，精而已。至于“玉汝于成”、玉洁冰清……与之无关。崔愷先生说：点玉岂不更好。

【513】玉点成立10年，在今天当选为中国建筑设计百家名院，这是西部的荣誉更是新疆的骄傲！这是中国建筑设计、学术界给予的最高评价，也是新疆建筑界前辈的精心呵护以及有关部门倾力支持、各兄弟院友谊

的结果。荣誉归于过去，这仅仅是玉点的第一步，西部玉点的脚步会更加踏实、更加真诚。

【514】百篇微博感谢玉点：马建武、周斌、李文玲、王岚、杨荔、谷兵、王阵、李刚、张健、马靖、王清亮、王江铭、张青、张蓉辉、苗劲蔚、王丹、张中、董少刚、马俊德、彭勃、梁俊梅、彭亮、李帅、罗立明、张凯、林啸、宋永红、郭东、王英、任智勇、周小倩、付丁、许田、张海洋、马静……

【515】此篇开始跨界，说说城乡规划，更多的是与景观环境有关我之所想、所感，跨界就有点儿模糊，混沌在于似与不似之间，有感觉就好。力争边学边用，但不活学活用、不懂装懂，特别是当今左右设计的事儿很多也杂乱，况且规划这事太高层了，一般来说设计者基本触摸不到根本，水太深。景观好些，只是大多不太关注。

【516】不同的建筑师、不同的时代背景、不同的文化认同观，即使在相同的建筑场地、相同的建筑使用性质、相同的历史文化前提，所设计的建筑作品也是大相径庭的，从其主导思想创意平面的布局乃至空间造型、文化取向的处理上，也是不同的。

【517】由大自然自我布局山水好了。我们的任务是如何更好地依赖、保护好它以便让下一代依赖它。它是一种循环也是一种施舍，有点儿像是金鱼与贪得无厌的妇人的故事。我想：地球也是有生命的，总有完结那一天。小心翼翼地造作、带着感恩的心情呵护着、让我们粗糙的产品尽可能少地伤害它，规范我们的鲁莽行为。

【518】我做规划的前提：①为什么做？②能做吗？③怎么做？④满足什么？⑤拥有多少做规划的依据？⑥能有多大的控制能力？⑦如何面对时间的考验？解决后，我对规划的再思考：①原本的它是什么？②现在的它是什么？③规划之后它会是什么？④如何出发如何结束？⑤上位前、上位、中位、下位、下位后我在哪？⑥站高。⑦趴下。

【519】有必要说：墨水和钢笔很难找了，纸质的日记本也不大适合，处处有电脑的今天，140 个字的微博权当自我感受的记录。这里没有炫耀也没有说教，只是自言自语。说对说错是可以看到的，也欢迎指正，至于口吻、语气、习语还请理解。今晚挚友给了我巨大的帮助，使得许多自以为是的事得到纠正，谢谢。

【520】人之初就已晓得了选择栖息地，继而产生了建筑的概念；住的多了需要统筹，这需要多方面的考量，于是不得不规划着生存，必然产生了规划编制；在预先的基础之上越来越快速地建设和发展，建筑物、构筑物、交通、各种市政管网等纷至沓来，从而形成了城市的各种元素，空间狭小、环境恶化，环境风景园林的整合就应运而生。

【521】一米多的路，一边是树木一边是钢管，这种对比显然不和谐。不是不动脑子而是没脑子，这种对比除了反差再无美学价值。提高文明真得先从美育做起，美的核心来自于内心，内心的真、善表现的一定是美的事物，说来还得从心讲起。心的铸就不是一朝一夕的事儿，历史、传统、文化影响心的质地。

【522】天还没开，黢黑一片，万物始基。开天辟地自有不同学说，

各取所需前提是天开了，大幕徐徐拉开就奠定了亘古以来的生生不息，导演出一部部人和物的开元大戏。翻江倒海和空静寂寞不断地适合着地球的自我圆满，所有的一切在预定中运动，无尽的生物中我们造就了属于我们的神话，并不断演绎着、推翻着。

【523】一建筑学生周末和朋友一起到家里花园挖泥，做“无用之物”——建筑模型。周末总是阳光灿烂的，家里的水壶常常是灌满的，花园里百花参差不齐地怒放，这种场景让人很向往，过去和现在。如果像他们一样玩泥巴，同时做模型那才叫寓教于乐呢！对于他们玩的是“无用之物”，这让我大吃一惊，其旨趣令人望尘莫及！

【524】温习小学语文课，做作文。题目是《–155~8611》，发明温度计的本质是清剿模糊概念的标准。世间事物存在对立和辩证及其演变，论事论物当有界定，否则立场、角度、视野的不同反而会混淆相对明白的初衷。也许知晓客观的延续还是一个谜，但是，在我们有限认知范畴内尚无更好的办法去说明它了。

【525】假设一个比较的真理，以满足我们解释世界的欲望，这也许不难但却十分危险，标准的形成将违背我们原本的意愿，惯性会一代一代因陈传续直到火山爆发重新来过，残忍却很真实，可我们还是不得不暂且接受标准，谈论人们所关心的事和物。以“零”

为标准的“点”或“轴”，标示着不同极端的方向。

【526】 世界陆地最低点为约旦死海，海拔 -392 米；最高点为珠穆朗玛峰，海拔 8 848.48 米。位于世界低高次点的吐鲁番盆地艾丁湖海拔 -155.48 米，乔戈里峰海拔 8 611 米，同时出现在中国西北区域则为罕见、瞩目于世。此地位于亚欧大陆中部占中国国土面积的六分之一，山脉盆地相间分布尺度巨大，总面积 166.49 万平方千米。

【527】此地，四季分明，早晚温差甚大，风冷水冰、干旱少雨、植被稀少，故而风沙肆虐，紫外线尤为强烈，生存环境十分恶劣，以天山为界划南北疆域多有区别。史上宗教繁杂门类百出且多为封尘异化，商贾无不匆匆落荒而逃，族落之争毁坏无数历史遗迹，文化荒落带来蛮横风情世故，亦有长歌孤雁浩荡，常怀悲壮践行者。

【528】 如此，构筑生存必须之场所不得忘却环境居人前提，没有人可以揪起自己头发而离开地面，建筑砌筑也是，师工匠之常识集经验者。空间需要从人类活动出发、顺自然、伏贴于大地为创造的宗旨，故须擅长理解并将其实践构筑成型，归拢于长久之计，融于宜居环境，也即当今规划、景观、建筑。

【529】 不过分地说没有体验以几十年为起码的地域生活，鲜能设计出符合本土的作品。一个规划、景观、建筑作品远不是知识、科学、智慧所能解释甚至“创造”的，若非谙熟那里的文化变迁、自然环境、民族民生等，体悟那里大地的呼吸，倾听风雪石木的呐喊，融入烈日黄沙肆虐，也就断不可设计出它的生命。

【530】-155 米没有什么不适的感觉，倒是 3 000 米以上时常会有反应，这是逆着“人往高处走”的俗话，想当然带来了设计的巨大惯性。文化的传播往往是极端残酷的，某种程度上最为可怕的是悄无声息、潜移默化地渗透在我们的血液里，从而脱胎换骨竟不知我们来自何处。世上没有那么复杂，问题是无缘无故地自我异化了。

【531】构成物质的基本是元素，有大有小各自无限延伸，归纳起来不过百余种。西域有别于其他的只是元素的不同，至于位置如放到板块学那它也许是欧亚的中心，海总是湮灭地球的一部分，说到底海也是陆地的一部分只是比湖泊大了些。西域的主要元素我认为是：天很蓝、很高，紫外线强烈，风大，干旱，温差大。

【532】沙漠、戈壁、树木、草滩、石头、黄土、少许水流、山、沟、川、雪、霜、冰，为物产而来的投资和为统一的集权，生活方式、宗教信仰、文化传承，大宗就这些了。规划、景观、建筑设计源于的基本，真正能感悟、了解、掌握、运用、组合、顺应、适宜……我以为就是非常了不起的设计了。

【533】在这块土地上最为神奇和最有烈度的是最低与最高的比较，没有哪个区域可与之媲美了，善良的生活略带着粗野，简单的树枝和孤独的叶片在刺骨的山风中摇曳，没有柔美。远方并没有传来传说中大雁和野狼的哀鸣，估计实在是难以生存，它们早已远走他乡。在这里最多的动物就是怕苦、怕累、怕死的人了。

【534】特有环境创造了属于它的建筑。人的需求、活动仅仅是自然的

提示和恩赐，大量的石材、戈壁、黄土构成了协调的再生循环的属于场所的容器及其衍生的不同环境，它们是一体化的永久，分与合不是问题，哪里来哪里去很是生土。这种构筑与被自然启发的构筑，应当是合情合理、土生土长、原真本源的。

【535】时间久了工匠们有了分工，其中有归纳如何省力气、材料的，后来成了我们说的关于建筑设计方面的民间的专家。后来的建筑师们不是师从土地、天空、人的活动，而是来自于书本的记载、经验和教条的传播，本领来自于文字和传说，开始就有了通天晓地，难免挥斥方遒，或者竟因曲解而以讹传讹。

【536】对待自然必得力不从心，“战天斗地”、“人定胜天”的不知天高地厚的精神贯穿着跨步发展，没有历史观的特别是没有宇宙观的做法是违背基本法则的。主动式的建筑方略注定被自然迎头痛击，被动的生活方式是人类繁衍唯一的选择。向环境炫耀人的伟大是一件十分可笑的事。

【537】人贵有自知之明。可惜的是常常“知人之明”，却很少有自知之明，在建筑创作方面就工程来讲，知道自省与检讨的确十分重要。“自反”一词，《礼记·学记》曰：“知不足，然后能自反也。”《孟子·公孙丑上》：“自反而不缩，虽褐宽博，吾不惴焉；自反而缩，虽千万人，吾往矣。”

【538】建筑创作的自由度在现实表象上往往体现在建筑创作的矛盾性上。要解决建筑作品流于平庸，就要首先创造出一种陌生感（甚至连自

己都不曾在大脑驻留过的信息），破坏一种习惯性的熟悉、大宗建筑的基本秩序，也就是已有建筑或理论在自己头脑中的折射。

【539】以自身创作在自由王国中寻求到唯一可用于建筑创作的自由，加以度来控制，用来打破常规做法，提出一个新的建筑建构的体系，告诉人们一个新的解题理念与方法，帮助好奇的人们满足其追求刺激及其强烈的思维再创造欲望和抗衡自然规律的意念。这在外部表现出来的常常是建筑的矛盾性。

【540】建筑师是在“好端端的建筑上，制造破坏性的矛盾”。这种矛盾的最后化解归为公众对建筑从惊奇到陌生进而予以接受，在这冗长的过程中，无疑提高了建筑的生命与品位。任何一个强迫公众理解建筑、强制使用的做法，都是愚蠢的表现。我们的目的是引起阅读建筑的兴趣，越加难懂，越具有吸引力和可读性。

【541】吐鲁番宾馆新楼入了教科书，可能其中有些思索，基本是些在原始的、功能的、环境的影响下的设计。也算是设计构思的产生与运用的基本体验吧！好在 20 年后还没被“拆”，好在建筑评论最好的判官是时间，历史当会给一个说法，也算是对得起我创出建筑生命的 –154 米火焰山下的宾馆。

【542】去伯克利分校建筑学专业教室转转，不像是工科专业，也没有什么技术和工程有关的“蛛丝马迹”，校园与城市直接相连浑然一体，公众可以随意交流，没有主轴教学大楼，像是一个街坊或者邻里，所见之人“Hi”一声一笑走过。倒是中国的高等教育学校壁垒森严，出入登记，

空间严格限制在各自领域，能有好心情学习？

【543】还记得在我去海口之前，征求王小东院士的意见。他说：“看看也好。”几年后，是否上岸征询院士时，他说：“很好，很好！游出去而又回头是岸。有点佛教情愫。”于是他给了我一个现在看来仍然都是很高的评价——一个建筑师的悟性。说通俗一些，就是是否开窍；说雅一些，就是一个悟字。

【544】恩师王小东先生说：“近年不知何故对《老子》感兴趣，道，大概是最虚无、最难理解的了。我想真正懂得什么是道应该就是悟了。刘谞走过的路可以说是一个有‘悟性’的轨迹。‘西部建筑师’这一称号在我写此文之时还当之无愧。有一天，刘谞也许会在沿海立几个建筑，那时他或许要被冠之以‘海派建筑师’的头衔了。”

【545】去飞弹，海边的 4 月潮冷有风，像雨像雾像冰雹，感觉是渣，摸上去是水，呈 45 度角吹来，戴帽子不管用呀！有雪，有人还穿七分裤，当地的日本人。草帽、鱼叉、蓑衣，奶白色的海和天，与东山魁夷的画没有区别。美是美，还是有点冷。

【546】21 世纪第一年看到悉尼达令港畔，烟头随便丢弃的男女四仰八叉交错纠缠，阳光洒在茵茵绿地上，很是亮眼。猫狗成群与人混杂，分不清哪是人哪是狗，呵呵呵，乐在其中。老旧的船坞改造成酒店和商店，远处的大桥陪衬着歌剧院的金黄。伍重哪知柯布西耶化腐朽为神奇，成就了他也成就了悉尼！平庸的时代成就奇异的建筑。

【547】那一年，虔诚地弯下腰捧了三次爱琴海的水，真喝。据说喝了爱情会如期而至的，好像不灵是否多喝两捧？远望拿破仑被囚的古堡，四面环海烟波浩渺，英雄断无用武之地。煞白的街巷有着蓝色的门窗，和着小楼窗外的花朵，远远飘来游客的香水味，隐隐看见卫城轮廓，那样蓝的天，懒得去想建筑该如何设计。

【548】在寻找西部建筑创作出路的过程中，探索新疆地域建筑的内在肌理，1991 年初设计了吐鲁番宾馆，那些天里正卧病在床，建设单位老秦很急，当年葡萄节要使用，我不得不把图板放在床上，丁字尺、三角板、管笔画将起来。生着病、干着活，两者都不误，这个宾馆的设计是我记忆最深、最有感情的项目了。

【549】我们的团队拥有设计规划、景观、市政、建筑等天才，经验和教条不算什么了。尤其是在今天，说是天才因为他们正在一线奋斗着实践着，真知源于实践，相信这是一个有意义的事和有意义的作品，直接了当地晓谕，无论如何明年晚些时候在天山东端会有一个占具六分之一土地具有深厚地域属性、质朴的建筑。

【550】没有多余的建筑、结构、设备、电器、材料、环境思维，不带过去拥有的知识和惯性，自由自在地与环境说话，并在那里生活下去，还要快乐自己愉悦他人，有自我品行也要有环境的尊重，建设是为了使用，还要尽情地光顾。每个部分都是建筑本体的最爱，哪怕是泥土、砖块。还想到建造过程也不产生垃圾该多好。

【551】刚到的学报，大多建筑好像是剧照、模型、玉器……环境理想、

甲方支持、投资宽裕，500 平方米可盖五层真是很神奇，通体洁白、水面广阔、绿草成茵！吃惊地赞美。只是望尘莫及，在中国这样的情景几乎与仙境媲美，可是，在我的生活中视野中还都是些：土坯、戈壁、许多人没有住处……情何以堪？

【552】吴承恩所著《西游记》中，孙悟空三借芭蕉扇，熄灭火焰山的故事，就源于此地。现火焰山山坡建有拜孜克里千佛洞，至今仍令游人流连忘返。尽管山是佛教之山，洞中藏有千佛，但城中现主要居住的却是信仰伊斯兰教的人，面对这样特殊的地区，相信建筑师不可能也不应该被什么“主义”、“流派”所左右，只能是此时、此地、此建筑。

【553】还有不到一个小时的时间2012年的落日将会首先在奥克兰出现。时光是连续的、生命是持续的、空间是不断的，只是时间被人们分割着、抛弃着、遗忘着。为所欲为总会为欲所为！没有那么闹，生来也没那么囧，有时还真是很羡慕有人说：我是那年和羊儿、那棵大树一起长大的，忘却了年龄和日子。

【554】中国哲学强调：欲望化、社会化的人只是偶然人，自我者必然的。在共同的地区必然会有共同的属性，而我们要把握的却是在此

基础上创造性的再生，新要避熟要空间之新要创造出陌生感、惊奇感、光明感，也就是要做到人人胸中所有——通性，人人笔下所无——独创性。于不变中求变，以求得佛家称之为的“平常心”。

【555】都有斜阳，每地、每天。2012 年的每一天都是那么的令人怀念和珍惜，366 个日子、春夏秋冬、风生水起、清风竹影……日子真好！一路的风尘、疲惫的身躯、沮丧的心情，不正是率真、勇敢、阳光的化身？快快出来，哪怕是最后的余晖，那却真正属于你的过去！再见阳光！

【556】中国建筑工业出版社《建筑师》杂志社，有叫鲁力佳的，迄今未曾谋面，后来知道是女性。下面这篇文章发表在《建筑师》1988 年第 29 期首篇，是我第一篇全国性的专业“铅字”文章，它的发表振奋了当时的我，也影响到现在的我。不知鲁女士今在何方？1988 年以来的谢意倘若一见定谢知遇之谊。

【557】恬静地等待太阳的西下，看远方的青山绿水心中思念的却是蓝天白雪。人类自己把时间拉得好长好长，其实，岁月日子也就是一天！一个完美的圆，一个经历了黑白颠倒的、死去和活着的故事演绎的圆满一天！2013 年我有三个“什么”，又分九个“什么”，每个都是我的梦，沿着心路一路顺心顺意……

【558】一条别人说很有历史的街。小雨，空中不时闪着电，老鼠在月光下像是流星晃得心慌。知道一人走着不孤独，门缝中、阁楼上多少关心的眼睛和耳朵在听美妙的雨声和着我的歌声，看着我滑倒再起来的重复，呵呵呵，我笑我脚下的地是那么的滑！深了夜，累了。茶余饭后我

还得赶路，顾不上那美丽的窗棂、花儿。

【559】再喝也白喝的爱琴海、石榴裙下戛纳的红地毯上、洛杉矶梦露的大床旁、胡夫塔下敛眉的窈窕淑女——成就与终归的果！西海岸的波涛荡着我稚气而苍老的心，轻轻的晚风柔媚地戏谑属于它的我，没了但丁也不见拉宾！口红顺着破碎的酒杯拌和着血凝固。

【560】传统的本身是创新的结果，创新的积累就是传统。传统的本身包含着创新。既要否定旧的传统，又要不断创造出新的传统。所以，严格地讲，创新也包括在里面。既要否定旧的传统，又要不断创造出新的传统。它们是一个整体，是辩证的。

【561】民族风格是民族个性的表现，既然建筑的个性不能否定，建筑的民族个性就能否定吗？构成建筑民族化个性的地方性就能否定吗？绝对不能！民族文化吸收外来文化，而不是外来文化消灭民族文化，建筑上尤其这样！当然，顽固执着地维护自己民族性或“传统”形式，并非一个民族强大的表现。

【562】厚厚的、毛毛的霜铺满了丝瓜，像是大毛小子的胡须，柔柔地刺眼！那时，我还没有胡子，一整个夏天加上前后的早熟晚成几乎就是个囫囵年。丝瓜的枝叶把阳光撕洒成不同的形象，院子像是铺了煞是好看的地毯；月儿映得藤条窈窕迷人，恰似母亲刘海的摩挲，看着瓜熟蒂落种子被风轻轻吹起远去……

【563】人们的心理状态和习惯也在不断地发生变化，况且在这个科学

的时代里，我们有条件、有能力对我们的思想、心理及行为进行反思和矫正。所以，我们应该寻找一个更好的行为方式，应该让理性的阳光照亮道路而不是被动地让“习惯”拖着走。我们应该注重我们的民族心理和气质，使我们能够接受和创造出更加丰富多彩的建筑形式。

【564】海拔 -154 米的盆地是世界第二低地。1983 年和张胜义、刘叔雄、韩希琛、周桂隆先生做民居及古建筑采风去过一次，1992 年设计吐鲁番宾馆去过几次，2000 年后再没踏上交河故城。这些年来，吐鲁番给世人历史与传统的启迪太少了，那么多可圈可点的文化遗存在当代混搅在商海之中有失风韵。尚记得眠云和吴震先生一同考察时的场景。

【565】空间都是一样的。只有场所、环境发生变化才会有建筑本体的实质性改变，建筑的相貌就是设计师的德行，空间是需要懂的人使用的，需要理解和掺入空间中去，空间是需要解读的。空间是一种享受，是一种高价的奢侈品，极致是空间。

【566】 建筑总是来用的，一般就是空间和容器。不能用的东西是空间吗？肯定是！书本、蛋糕、红枣……都有外部的和内部的空间，并非是

狭隘的人用才是空间。其实，空间充满着世界的全部，都在空间下生存与运动，空间的形成不一定是功能需要，更多的是原本的空间引导着使用的方向与用途，改变着我们和它。

【567】没有空间也就没有时间流逝的可能。一切都在空间无序和有序的组织下“按部就班”地一个萝卜一个坑地对应着，错位就是创新变化，矛盾的结果是空间的颠倒与混淆。许多伟大的设计师们正在做的就是魔术的幻觉，自恋其中并误以为观众身在其中享受快乐时光。大多数人在建筑之外不解地看建筑像是变色爬行的虫。

【568】其实，空间也在不断地变化之中，比如：白天和黑夜不同。白天是阳光下的或者是全阴天的，而到了晚上是月光的也可以是灯光的，被动与主动不再是一成不变的。大多建筑都是被动式的，主动的较少。近些年来人们对环境发起了一次又一次的主动进攻，建筑是先军，摧枯拉朽主动的建筑策略使人们获得了极大的快意。

【569】东庄还是12堂，今天决心3个小时对着泥巴边聊天边捏，就这样了吧行吗？想到了山、冲沟、东南阳光、看山、看城市轮廓、种菜、少花点钱，混凝土、涂料……我喜欢的便宜货都用上了，结构也好简单的。什么事都是如此，只要思路清晰、概念正确，做起来就方便，既经济又实用也就好。不着边际的叫虚妄！

【570】建筑学生是幸福的。除了天赋之外，擅长美学、哲学、人类学及构图、平衡、对比、韵律、节奏、均衡……既是生活的乐趣也是生命的延展更是活着的意义。发现每时每刻的幸福、快乐、悲伤……都是生

命的本质，没有说教式的自我完善和享受！在不知不觉中凭空多了许多周围的爱和被爱。

【571】习以为常也会成为真理，尤其是长期以来形成的以为正确的那些事。改变它几乎不可以，其实，只要重新思考，换个视角和立场，会发现空间原来如此的宽广，沉浸于狭隘的局部有时几乎断送了自我的本质，这是一个十分令人沮丧的定式思维。我们还是回归到原地，一个属于阳光的戈壁，还有那大漠直烟……

【572】工蚁筑穴、燕儿衔窝、蜜蜂建巢、蜘蛛布网……我妄断它们是没有意识和事先蓝图的。当代看来颇有创意，起先大多不在关注之列，我想：人类之初也大抵如此。可现如今，且为年轻有为者为之。既不原始也未必"科学"，以讹传讹竟也是学问。没了自觉也没有感悟更谈不上以人为本了，胡闹！

【573】离开建筑的世界，竟然感知之外的空间、时间、映像是如此的鲜活，以至于建筑仅仅是生活中的器物，不是目的。建筑的目的只是生活中的产物，生活是建筑创作的母体，那里的灵感、知悟、实践伟大得足以使建筑本身变得十分渺小。热爱建筑与建筑虚热是两码事。

【574】一天，评图。门厅、走道那么小和窄分流不畅呀，讲了树枝和树干的关系，很有道理。方才，进入一狭小空间后豁然开朗自由自在的空间与走道强烈对比，是呀，走道是经历，空间使用是目的，要那个过程还是结果？经历也许是生活主要部分，多年以来我也这么认为，毕竟实现目标很难，求过程以慰自己这对吗？

【575】事实上，我们有许多只看不用的空间，空间是用来观赏的吗？是也不是。实用主义的空间今天一定用来产生效益，这不错。错在空间被细分成每个立方米出卖，没了事物本质的美！事物被极端的反向作用，在美观也是功能的思潮下，布景式、魔术化、人为性的行为充斥世界，今年的春晚难道不感觉虚幻缥缈吗？

【576】当今的“美”已变得越发混沌不清。原先美的标准有不多的几种说法，可读性强还令人思考，如今真是“美”不胜收。不敢妄谈美及美学真谛，当美和金钱挂钩之时，美就早已远去。美不是人人可读的，不是金钱可以得到的，更不需要现实的解答。美是传统；是现在，更是未来，美埋于不美之下越藏越深……

【577】恪守时间。恪守自己时间是完美的世界，不属于自我的时间一点儿迟疑都不可，不是恪守的事儿而是不得不的事儿。能够握住的、支配的、享用的在于本体的局限，除此之外最终是时间恪守得如此严明。你用有限的时间无限你的作为，远远的“恪守”催促悠闲的脚步，是赶路还是徘徊？也许都不错，恪守！

【578】不断彰显个性的结果会是多元的世界？恰恰相反！结果个性的使命一定是无形的归宿，终结于唯一。自由只是自我的寻找，寻找属于自己和众生的光点，光芒的源头便是芸芸众生的最终。那唯一的却是变

化万千的起点与终端,寻找是生命的义务,结果是生命的意义,概莫如此。

【579】地心引力太强大了，抓住山脉、吸住草根、拥抱大海、对仗天空还紧紧拉扯着我们的双脚！直至我们入土为安。于是，我们所做的一切就是与地心引力相反的事儿，向上、越飞越高、抬头望穿天穹，高楼大厦直入云间……这值得？这有用吗？回归到窑洞、地下、顺应大地的旨意，感受土的芬芳和那潮湿的滋润。

【580】想念一次成活，依恋装配组合。边打边磨光整体性极强且完整无边际连接，交河、高昌减地为城！大板两两焊接快速整洁，省下时间享受大自然的恩赐，不为物件雕虫小技沾沾自喜，看远山、蹚大海、赏山花……那才叫建筑之外的建筑之美,美在无我！当不再热爱乡野山歌，海啸林风定是狭隘裹脚自我的民族。

【581】天堂和地狱的场景连同建筑大都被涂抹成光怪陆离的布景。用智商解决另一个世界的空间环境简直就是强暴和羞辱，以可怜的情怀、狭隘的思维、自我的技巧诠释完全不知的极乐极悲时空，彻底裸露了人类的无知与虚伪，这完全不该。我们能够想象的只是不久的明天，期盼早上太阳的升起。

【582】每个生命都是精彩的。以我们的理解会有许多牵强附会，小草的夏天、昆虫的秋日、残雪的冬季……短暂得足以使人自豪，长是多长，短有多短？其意义在于完整的交圈，有时齐刷刷的了断也是圆满的对仗，刚刚看到完美无瑕的大蒜，怎奈有了冰清玉洁的联想，以个体的世界观察时空多少充满着自恋和虚荣。

【583】末了，还得唠叨唠叨空间的建筑。从透明后的空间到遮挡物的房子以及界面上的肌理与材料是一个值得尊重的生命集体，有主有次，层次分明，基本空间的建立是伟大的，其他跟随着一起伟大，应该赞美属于空间的一切，不论好坏。感谢周围的空间和环境，使你自知！建筑和相关的事物将是最好的新年礼物！

【584】只要建筑是有情感的，对山、对水、对百姓充满着热爱和激情，自觉自愿地迎合周围的存在，就是一个人见人爱的，有历史感、现代感、未来感的好建筑。其实，园林景观、市政设施无一不是如此，要用心去体验生活给我们带来的无限启示和教诲。

【585】一定的，一定有一天，人们对待建筑设计会像是今天人们才恍然大悟的：“吊针是不可以随便注射！”建筑是不可以任意塑造的！树木可以成炭、草木可以施肥，世上只有建筑的垃圾是不可逆的，一次性付款讨债的会百倍索要，连同我们的后代。大量毫无节制的建设，犹如自虐地天天吊针的“小手术”，可叹才知道吗？

【586】1983 年从拜城反向去克孜尔千佛洞，千佛洞公元 3—4 世纪开始凿刻的。库区只有一个保管员，两个字的名字，此刻记不起来了，洞

在半山腰有悬臂木栈桥，山脚一片红柳之下是河流，我们画水彩画在河里取水端到山坡只剩三分之一，天热，整张纸先打湿飞快地着色，否则比干画法还干！带上干粮一天下来脸黑、口干舌燥，画也拙。

【587】30 前伊宁陕西大寺，雕花石榴锤、飞檐斗拱、彩画密布。进入寺中，双手悄悄合十心中默念阿弥陀佛。铅笔速写从整体到石刻花砖，回到住所兴奋请教，哪知此寺乃清真大寺，拜错了地方，好在原本形态很中原，分分合合互争不下。为何不休，此且不论，那建筑恢宏、燕儿飞翔的场景历历在目。

【588】高庆林先生的水粉画功夫了得。为寻找苏里唐把那个阿图什找遍了，读音不同迷了方向，大早寻找，晌午过后方才远远望见，大喜。席地而坐考察开始，只是高先生愁眉苦脸，原来水粉颜料基本干了，铅笔在颠簸中折断，气急之下干跺脚。

【589】喀什体育馆是 1984 年当时新疆最大的室内馆。毕业两年，不懂，去上海民用院拜见了王季卿先生，参观了黄埔、闸北、静安、卢湾等，巧遇同院周九鼎先生，一同收集资料，那时他在设计北门的电化教育中心。混响、C 值、基本与黄埔相同，那是我抄的，也叫学习。迄今十分感谢王总一直陪同我们新疆之行……

【590】不知道现在的大型公共建筑越加简化了还是过去太复杂了。以前一个流程下来得有几个月时间，图纸也得几百自然张，至于方案也是千锤百炼、集思广益。现在不同，什么院都敢接敢做，有点像是搞贸易的，除了军火、毒品不做外什么都敢，倒卖也就罢了，可工程毕竟是有

技术含量的呀，看来目前不是技术问题，好怕!

【591】大约海拔 3 200 米，鹰的民族还有花儿、冰山与客人及古兰丹姆，绝对的蓝天白云、满是雪与绿树的山、湿地、石头城、到处的羊和大鹅卵石。那里的图书馆是一本天书，鹰的书，尺度巨大才能放得下的建筑。2 300 平方米，这和吐鲁番宾馆 2 700 平方米差不多，小建筑也是建筑，钱不起作用，人在做该做的事。

【592】与建筑来说，是形而上的游戏，也可以说是贵族们的玩物，或者说为自命顶天的人设置的场景。就住房来说，它是生活的必需品，也能说是遮风挡雨的去处，当然也是大众聚会的空间。因为这些，建筑师们不得不为了实现可能的自我意志揣摩着如何实现其意志，便有了形形色色的手段，你可以拒绝却很难。

【593】宫廷酒会从来不缺建筑师的身影，高档殿堂常常敬酒的也是建筑师，优雅地嘬着咖啡窃窃私语的也不乏设计师们，这是一种工作，自古以来愈演愈盛的剧目。街头巷尾、田间地头罕见智慧设计者攒动着的头颅，这么做太劳心也劳累。实践不从生活中来，就像羊毛长在猪身上一样的荒唐！这并不少见。

【594】如果要将建筑分类，仅仅是为了方便索引，把建筑的外在形象作一个归纳倒是十分有意义的事，倘若就此界定类型或形类，将创作的方法、思想、理念固化甚至僵化，这就可能误导建筑师驰骋飞扬的创作原意。当代唯一不在变化的或者说“不变”的就是“变化”。

【595】建筑的目的不是本体的目的和需要。除了建筑自身之外的一切都是建筑的理由，先是人的复杂性满足，再是周寰秩序性必要的场所情感表达，末了个体的建筑还不是平面和“样子”要真回到空间。人的心灵、环境、单体建筑情怀构成了建筑的总体，这已非独立的建筑师所能掌控，学习，继续感悟吧！

【596】机场。大家都感冒了，不知是忘带了还是自以为身体康健不需药，于是满世界买药，可人家是要医生处方的，本人倾囊相助，全给了老庄，他那个感动，一路替我拎包扛到T3，着实让我也感动了一把。给予他人就是得到，做好事也得有情怀。就是设计也能看得出不光是水平和技巧，更多的是善良、阳光的心智。

【597】杨阿姨不懂建筑学也不清楚建筑设计，可是她老人家有好建筑的标准：①用起来方便、阳光、通风顺畅；②上下楼便利，孩子跑跳安全；③出门树木成林有鸟叫，没有汽车喇叭催促着；④好看的不中用，看起来普通用的顺心也就看着舒服那就是美；⑤有水、有电、有煤气还要有电话。

【598】建筑设计是一种文明。为何设计、在哪设计、怎么设计与当时

的文化紧密相连的，文化不等于文明。于是，塑造大卫的匠人是文明的，毁坏圆明园的是文化的，文明可以抒发自我情怀的同时给予他人于文化，文化有时是一种野蛮的摧残。文明是不需要后天进化的，文化却是后天掩饰贪婪的。不需要后天进化的，文化却是后天掩饰贪婪的。

【599】设计是一种文明、是一种胸怀、也是光明的坦荡。落入狭义的、利己的也叫设计，不过是设置圈套、算计谋划而已。大环境造就了设计不再纯粹，随波逐流不是我们的品行，原初本质地特立独行才是真正的精彩！设计的乐趣在于体现人的智慧和太阳、大地的志诚，“关系”泯灭了人的灵魂也侮辱了人格。

【600】中标后，惯性的缘故，有人说是有“关系”，哈哈哈，当今社会的想当然，不会，特别是玉点的品质！阳光、正直、坦诚这是我们的一贯追求。我的“新民族主义建筑”已经在建成之时寿终正寝，取而代之的动态的、非既定变化中的“现场建筑”。这是本人的方法更是本人的理念。

【601】高尔基，苏联作家，写过自传式的《我的大学》，说的是自幼贫穷上不起学，在社会生活中得到知识。我想，今非昔比，时空变化可能我的大学当真是学习的时代，旧的教育基本上是照本宣科，可是以前的知识在新的变化下早已是明日黄花，特别是某些教授不再有高瞻远瞩的气度。

【602】虎落平川、燕儿游泳、沙漠种植水稻说的是入错了行、嫁错了郎、文不对题。所谓“天生我材必有用”，讲的是适者生存，并非每个人在

任何环境都能发挥自己原本的才能，无奈的是，生命大多来不及选择，宿命的解释，只能这样了吧？

【603】这就是为什么达·芬奇既是画家也是设计师更是科学家的原因。用画笔画出雕塑的形象，寻找适合题材的制作材料和方法，探讨放置在建筑物上还是其他场所，研究视线廊道、空间节奏、环境尺度，比如：道路的宽度、坡度，不同建筑高度的感受，城市定位与文化传统、民族民俗以及气候变化……不称杰作才怪！

【604】成为专业人士不当“万金油”是不可能实现的。没有孤立的事物，也没有完全纯而又纯的形而上学。在复杂性事件和不确定性泛滥的时节，专业的唯一性如同呆儿一般，宽泛的知识面加上不间断的学习和智慧判别才为专业。

【605】物价飞涨设计飞快地应对心力交瘁。毒的东西很多，急功近利的建设会给未来世界带来什么？当大自然的树木都集中到城里、农民都成市民、乡镇变为城市、土地中的各种能用的金银铜铁和硅酸盐成为竖起来的高楼大厦；广场、饰品等都会用完的，即便不给儿孙们留着也得对得起当下呀，现今你感觉安全吗？

【606】像万吨水压机的——工会大厦，那个电话不错——火炬大厦，和古代钱币一样的——海南财盛大厦，寻思的几个方案孩子的奶奶说到了也就建成了。工程师了，好啊！了不起和我一样了；高级工程师了，啊！还有高级的呀，不错，不错；教授级高级工程师了，嗯，什么教授呀？没听说过，你去帮你妈擦窗户吧！

【607】头衔越来越多，真的该像孩子的爷爷说的那样：该干嘛干嘛吧！为师已不易还分高级、教授，三六九等，名不重要做事地道方为大家。清明到了，明清自我，感恩严父慈母……还记得：黎明即起、苏武牧羊、苏三起解，难忘小燕子、小花雀、小儿郎。长夜空，白昼凝，望断魂，叩颅血。齐家仪范，世代铭恩！

【608】十七八年前的朋友们有些当了“三四品”，有的杳无音信，也有的遛鸟散步，相聚各有感慨。说道小时候大伙儿没大没小，可在社会中分了三六九等，到了六七十岁便再无尊贵之分归于儿时的平静，只是少了些少年轻狂。言语中，能坚持喜爱的事一直做下来的甚是羡慕，甘蔗从头到尾吃干嚼尽酣畅淋漓焉不幸福？

【609】杏花快败落了，有赏残花败叶的吗？明儿 700 千米之外工作顺便算是专程触摸、观察、嗅闻那无人再顾及的寥寥枝叶和遍地的花瓣。品尝、体验、感悟幸福的寡和而非通常的快乐来自非常的情怀，不追逐现实滥觞岂不正是梦想的实践和梦想的进行？梦想在于昼夜感知，存在

于非现实梦想之中，好好享受每天的梦想！

【610】为设计而策划标的是职业。职业主义在使用中会成为一种习惯，更多的是与交易有关的价值追求。价值内涵深且广，用文化去解释会很绕口但清晰的线路取决于个体特质的不同，也即是我们一般意义的“人各有志”。职业和主义放到一起十分滑稽，完全不同的概念用了许久，这其实是一个误解。

【611】所有的称谓都是社会归纳的。茅盾是作家、齐白石是画家……其实，本人只是在做自己的事，甚至与他人无关。归了形类也就被固化了，也就有了瓤和皮的不同，外在的和内在的发生了扭曲，不可挽回的个体流失，标签了一个原本不符的真实。真实为了虚幻而存在着，虚幻得真实，可怕的快乐故事！

【612】设计，特别是追求设计感的年代，人类解决生存问题成了技巧的表演，忘了轮回、忘了回家的路，不愿回首的前行注定是忘我地与历史决断，当回忆只是老人无可奈何的专属，人生的价值荡然无存！把过去、现在、未来思考划分得如此明晰，也就将生活像切肉一样分段，支离的必定是破碎的！

【613】将“传统”与“创新”割裂开来，似乎“传统”就是“旧的”，或“守旧”的，这是一个概念上的误解。事实上，“传统”本身并不是凝固的，而是活跃着生命力的。离开了传统，实在谈不上有何创新，而真正的创新，也必然意味着对传统的真正继承，这种破坏“传统”的“创新”势必将人们引入到狭隘胡同之中。

【614】创新。环境、语法、发现是最高价值。解读、扩展、消融是无形资产。循环、同质、单一是睿智境界！变幻、抛弃、梦游是简单而又复杂的组合，兴许会称之为分拆的玩笑。我想说的是：“专业”是有缺陷的，是不完整的代名词，在某种程度上可以说专业就是片面，我们应该清楚：综合是一种宽容与和谐。

【615】一个永生永世的名字：大海！覆盖着地球的70%以上，孕育着万物，循环往复运动着生命的意义！瞬息万变形态各异，风采诠释着永恒与变化的定义，以极简的至纯表达最丰富多彩的法则，用宽广的胸怀涵化天空、万物！没有自我原本的定位，却显示出苍穹的色彩，一个没有自我却能孕育万物的大海。

【616】第二次世界大战后，被炸的战败国在曾经航母被击沉的水域建造了水底架，以为水生物提供生长依托。像是筑巢引凤，无垠的海底如沙漠戈壁，鸟儿不落，动物无托，鱼儿无家，海草少根，故而人工扶之。皈依不仅是宗教更是生存的需要！道教盛行的时代，儒家沦为笑柄，人类可以给动物一个温馨的家，却给不了同类一个拥抱！

【617】书法。书其法乃临摹，实为习书之初。法其书终则，可自乐，亦可补壁或馈赠。设计广厦不然，自立自强不得，社会实践容不得返璞归真，思之每每汗颜！

【618】人类能做的第一件事是为自身设置安全防护，从最基本的衣食住行到脱离苦海的涅槃，失忆是特点，恢复理智还得回到原初。痊愈是为了下一个伤痕累累，自找的苦、乐！其间，盎然花木、湛蓝天空始终是忠实的观众，欣赏着人的岁月和变迁，无情的总是喜爱有情的游戏，

使情变得干枯……

【619】 习惯了阳光的赏赐，理所应当的蓝天，必然的阴凉……还有小草的生机。寻找着更加诱人的美妙，还有新的一天！原本每天都是新的，只是不介意地去解读，期盼着刺激的到来、奇迹的发生，若失望接踵而来，生活不再快乐！天地不讳，是在当下。果然是吗？老旧的你的过去，却是他的鲜活，怎奈一个情怀？

【620】 赏心悦目、心旷神怡在于自己。没有烛光的虹樽，没有悦耳的曲目，没有海的涟漪，蓝天白云红酒，风儿萧萧，伊人如海平静；望去空间、时间的轻语，幸福时光无时不刻地萦绕，浪漫满屋的大地，品酌着劳作快乐的佳酿，淡淡的回忆翩翩走来，一掬和煦的微风，思绪早已飘扬，当下抓住手，是否还在人间？

【621】 建筑人们得到实体的影子，拉伸所有人的尺度，得到一个浑然又豁然的结果，是一件不难却不曾尝试、不可得到的事实。没有志短的鸿鹄，也没有冲霄的燕雀，有的只是不被认识的黑洞以及无限变幻。物质的永远存在着，非物质的离我们还太远，身对应着影，完整而又美轮美奂，各取其一哪有两全之事？

【622】 新宅。国人大抵搬家多有，内在美的动力。有说农夫与蛇，天下哪有真正意义的农民？蛇倒是本色，冻了，得有救，救了也就正道。后来的故事讲与不讲无语。看到老人提琴与海，听了，给赏随意，“我在拉琴”；我便是我了……末了远去，清风携来“谢谢”。红了一路的脸，琴声如此美妙却挡不住匆忙脚步！

【623】空间。一个既定的界限，占有的结果，区分着性质也划归着灵魂。以战车为先锋横扫千军万马，远去无觅前庭后院，日出日落依旧。构筑是文化，破坏或更是文化的目的，文化在破坏中耀武扬威沦为废墟，可怜了那凋零的花草，焚灭的楼榭亭台，余烬中唯有久违的藩篱内，嗅得到慰藉心灵的芬芳。那升华云端……

【624】英雄从来都是壮怀激烈的，注定是血流沙场、浑身疮痍的，这正是英雄所盼。闻过形形色色的场景却难得一见，怕毁了美好心情。话说建筑，做与不做随性，做了必是心的痕迹，尽当代之心诉时代之情，足矣。率真抑或良诚所为必是洁净之物，何不求之？繁杂的符号装饰掩盖原本的龌龊，令人痛不欲生，何苦来着？

【625】有一种快乐是内在的流露，随性的共鸣是排遣它的刻意，昨天摸着野猫的脖子，它是那么的幸福，温顺地期待着、感受着爱的传递。光和热只有感受到才是真的，做出来的就剩下表演了，会很累。刮了一天风还是歇息下来，瞬间快意终归恬静。平凡才是王道，在乎岁月蹉跎与之为伍并享受其中。

【626】红色不是中国专利。在环岛路边鱼塘岸有一板式茅屋，一切都

是敞开的，包括强劲的北风。吃饭似乎并不重要，自在的环境、天然的气氛、随和的同人才真的让人心悦。对我来说，没有比好吃的更重要的事了。饭后，撑着了，看到他人欢笑下一个旅程：把吃当成了结果，自然一切结束。作为过程，快乐接着快乐！

【627】浪花使得大海更加独有、独尊、独傲！平静的海面白帆点点，孕育着生命的潮涌。没有陆地的一切却因烟波浩淼而自在空白，些许波澜恰到好处点缀着海的胸怀！年复一年周而复始没有丝毫懈怠与寂寞，用品行阐述着轮回的意义。由此联想到平凡而伟大的建筑，在浩瀚的建筑群中超凡脱俗，像浪花般地掀动人们难以抑制的激情。

【628】说不上美，因为面孔东西各异。倒是有关环境、气场、品质，人类有着相近似的认同感。纯洁、质朴、自然……很干净明亮就诱人向往，不大的建筑装扮太多、含义宽泛也就语言混乱了，它承载不了那么多，这也反映出设计者的思维偏颇。草编织的帽子真天然，看得出来一缕缕的典雅，没有修饰的脸庞合着丽质，光线之下真是美。

【629】经历，走遍世界的征途。没有鲜花锣鼓和欢呼，静静地佩戴着属于自己独一无二的品性！人们在钦佩赞美中它却拿起了烟斗，凝视着他人的幸福！此刻，过去的遥远历历在目……都走了，连同最后的回忆。现在我们可以查阅他们那时的《十万个为什么》！是呀，日子是后人过的，还是潇潇洒洒地来，寂寂寞寞地去。

【630】远离建筑、远离群聚的场所，什么时候开始？什么时候结束？为生存而聚集，为欲望而远离！到底发生了哪些当中的事，还得从场所的意义说起。合适的空间、合适的距离、合适的尺度产生合适的环境，

相互之间像是原子其中少不了质子，还有更小，紧密中的离合全靠彼此，谦谦君子何等情怀？

【631】夜幕也是建筑。使得人有了独自等待，三两成群也是化整为零，一人一世界演绎着来生来世。我们需要什么样的建筑？以我来看问题是多余的，本无需要。是它以物质的、精神的需要并从生出欲望煎熬着的人们。一个为建筑而痛苦和折磨着的灵魂，夜里更加明亮，颇像是北斗星焕发出属于自我的光亮，点缀着即将揭示的建筑帷幕。

【632】对呀，真是的，谢谢再次更正啊。就建筑的本质而论，建筑是物质产品，也是精神产品。它不是抽象的、与民族传统毫无关系的概念，它在人类活动的整个过程中，是特定条件下具体物质产品。它受人类不同社会、经济、民族、地理、环境等因素制约，它不可能超越特定的人类生产活动的制约。从现象上看，建筑的不同内容和形式是根据不同的社会需要产生的，但实质是由具体的人的需要决定的。

【633】建筑从来都是为业主服务的。文化从来都是具有侵略性的，文明从来都是战争后的统一结果。统一意志就是理论就是主义，包括强势的一切，妄想的一切。只是时光飞逝，有时倒流，并非他人所致，任何绝对统一的最终趋势则是分崩离析，天地法则。自我超尺度，是自甘毁灭的诠释，豪华装饰遮盖着虚荣，没有净土！

【634】没了阳光，有了另类生活，没有人相信太阳从此不在。在漆黑的夜晚盼望白昼，在阳光下等待着夜幕的降临，这是何等的悲催，没有信仰！静谧地享受夜的闪烁、无天没地的时刻，凝聚心间的追求和所爱。告辞，喧嚣的混乱；再见，轮回的不同，畅想着最终进化的归处。同行

者同志，志在始终，一生也许只为一件事——信仰！

【635】所有的空间都在排序。飞机、房子、潜艇……还有微粒子，排序是组织序、是规律，自觉与约束成为万物的规律。舍此将会酿造祸患，常规和常纲世代传承的道理即在其中。先坐下慢慢观察眼前的一切，有意思的事儿不断，在过程中得到自己？哈巴河的185团长长的边界永远那么永恒？不久团员的活动中心要建成。

【636】人的能力，最美的是双手的能力，达到的目的才是最灿烂的。省略劳动并通过工具和手段达到结果必定丧失了快乐的汗水，每年看到的是“日新月异”的城乡变化，失望的是永远失去了我们自己连同先辈。一切都是崭新的废墟，不断地废墟着，没了文化也就没了文明！可怕的是撒旦不敢做的，却为当代更专业者实践着……

【637】古海苍苍点缀着片片绿叶，分不清东南也不知西北，沙粒依存绿洲还是青春包裹着沧桑？没了绿色也没了黄色，落后与“先进”同在。无形无时不在变化的波和没有相同的叶，赞美生命同时警觉地、眯着眼儿注视着人们的德行，大浪淘沙不仅仅是彰显英雄，更有统帅麾下的勇敢男儿。

【638】事实上，已无所谓民用建筑。把建筑分类是“学者”的工作，我们只是需要属于自己的生活当然包括工作的空间，将建筑带入到品位或品行中去只是证明风筝断线随它是了。改造在城市乡村中，新建筑更多应该是更新完善历史并使其得以延续，生活在历史中创造在历史中畅想在历史中……这才是真正的人间天堂！

【639】原本艺术是独立事件的记录，并非与环境、历史、时尚相关。只是后人以喜好加以利用，普及成为经典范本，趋之若鹜多了改变着艺术的本质，一个属于很自私的事件成了大庭广众的热议，让艺术很是难堪。多数求之不得只为功利，为结果而不是艺术本体。真正的艺术是翻“垃圾”，不被当代看好。

【640】精致生活来自人生态度。开放的空间、限定的场所随心而至，先有内容后有形式，不同时刻、环境情调各异。生活细致些、不同些自然成为风格。车里戴帽子晒太阳风吹草动！以己心审度他人讲究的是变化，固有的猜测只能愚不可及。翻来覆去时光飞逝，在奚落中终了，冤了日子毁了生命。

【641】哪一片叶天真，哪一片叶质纯？生活在描绘中是真实的还是虚假的？是阳光欺骗了我？还是事实如此？当然的习惯混淆视听，习惯成了当然，于是，教育、传承、经验使人变得不知不觉盲目灿烂！永恒也许只是在绘制之中，祈祷着、幸福着没有揭穿的一幕！建筑在圈里的建筑，还有哪个是为人民服务的场所？

【642】我以为，异国的孩子不懂腼腆。动漫爱好者，随时随地速写景物，笔画肯定略有粗糙但不妨碍记录，想让我看看如何？还真不错！青年人的害羞多少充满着阳光！他那些朋友对世界友善、探寻、无拘无束的构想，使我羡慕。这世界有他们这样的来者就是希望。

【643】海一半云一半，云海相伴。讲的是变化对莫测，大致均衡平静。有位名医说：“我的医术高，不过是酸碱平衡调理，除此便无所谓医术了。”也是的，平衡不论天地人物莫不如此，云可落雨入海，水可上升

为云，似是而非混沌的整体，正是空间，一个“没有”的状态，一个全凭自我以为的境界，修炼得了吗？

【644】潮涌，纵横四海。远比云儿自在，随心所欲、形态万千！这不，开发大西北、19个省市狂喜之时一片莺歌燕舞……火光过后，满目疮痍。建设还是样子？目的动机？难熬的慢生活，真的会享受生命带来的一切快乐吗？烈阳下的寂静，依稀清风明月，甜甜的心雨滋润丰润的胸膛，充满快乐与希望。

【645】每天的太阳都是新的？参天大树形态解释了一切。受光的一面与其他是不同的，天空也作证不光是蓝天白云。没有永恒之光哪来新的天天，不过是自我安慰的从头再来，“从头再来”没了原来的场所，物是人非。没有新过天天一样，一生一世一件一事未必痛苦，不为新而新不为平庸懊恼，本来如此，莫空度青春转白头。

【646】编制的生活。约束的是善良的，自由的是罪恶的。人是由两者组合而成的，这使得生活充满着快乐和痛苦，也正是如此才丰富多彩跌宕起伏。秩序井然有序下的是铁一般的纪律，人们胆战心惊。自由的浪漫蕴含着自我无限的欲望。追求其一快乐大本营，兼得必然痛苦！可怜的欲望，总是贪得无厌地去拥挤。

【647】孤独锁住、同心扣住阳光之下炫耀的各种执着信念，既是宣誓也是解脱，拴住肉体，放飞灵魂，告别过去，憧憬未来。蚂蚁爬着、黄蜂飞旋、穿梭的人流上上下下……《建筑评论》已出了第3辑了，论什么？评谁？给谁说的？愿者上钩，自寻思考。每日在谴责和折磨中盼望黑夜之光，可知光在心中！

【648】脊、瓦当、滴水制作简单施工方便丰俭由人，功能为先略有龙凤工匠手艺加以等级色彩窝牢煞是好看。千年更替样不改型不散墙不水侵，方显智慧，此乃中国之梦！料定当今多数恢宏建筑不可为伟业，故事太多又大抵是应景表演尤物，中看不中用的东西。凡事过了就不再是原来意思了，也谓：工善返璞归真。

【649】场所非诚勿扰。多见布局策划天地分割林林总总，设计的“到此一游”。没有谋略的空间、没有设局的环境、没有梦游的场所是纯洁的、天地的、人间的。白、蓝、红的时空怎一个大气了得？看客往返于大雨晴天、冬夏春秋、高低左右，人不变景变，云不动心动！空间情怀远比人的诉说真挚有力得多，虚怀若谷，做而不说！

【650】随着时光、环境、人流、机器、场合以及自觉自愿、被动强迫的流逝和到来，所有人都被空间压缩或畸变着，群体和个体散发着不同气味吸引、排斥着……不同的动作、感情通过细小的部分表演得淋漓尽

致。所有历史性的都在最后一次次展示着指挥者的意志。所有的是是非非，都在衬托此时此刻还有此地！

【651】新手机不过才几个月界面好陌生，看到西大桥边的建筑好像也日新月异。世间万物变化无常新的总是涂改过去，晚间席中自是感慨万分。没有了通讯录也就断了联系，不管怎样数字决定一切，好奇怪的世界。那跳皮筋、打沙包活灵活现，在我看来都早已远去，马兰开花属于过去的孩子们，今天的儿童在开心什么？

【652】汶川、雅安带状山坳已经多次山洪泥石流了，5・12之后一批批专家考察设计规划建设新城。时隔半载新建筑不堪一击，老桥新桥都垮，有问：①选址；②设计勘查；③规划合理；④建造；⑤管理与预防；⑥原址与迁移；⑦重建意义……习总书记说的形式主义、官僚主义、奢靡之风、享乐之风，在此得到淋漓尽致地表演，良心何在！

【653】事实是：天下道理至简至纯，只要用心负责任地去想去做就是通理，没有无理大行其道！设计师应该是深悟其中的，既然能创作则必被创造所有，都在风生水起设计之中。难能可贵的是胸襟、品行、情怀指引黑暗夜路，坚守四面楚歌，笑看云起云落，簇拥着孤寂侠客，一时潮涌奔腾，卷起千秋天色，这般极好！

【654】1985年我的室主任盛志斌老师设计的新闻大楼，20世纪50年代扛枪进疆，他的爱人设计的铁路局大楼今天还风光无限。有幸参与大楼的形象设计也就是渲染图。同期工会大厦建成，1988年去海南，入口坡道是主任补的，留下劳作没有名字很是感动，这也是我为什么特别开心年轻人早出成绩的原因，还是胸襟、品行、情怀在引导。

【655】 我很在乎挺直的身影，也在乎孩子们开心的笑声。现时所谓的活在当下是我完全不同意的。历史感让我们懂得传统和未来的传统，也只有这样才能充满活力、动力十足，求回报结果必定难以圆满，何必？发生的天上孔雀、智慧视窗你看到就好，美轮美奂自在心中，空白着等待自在寂寞中拥有了陌生和你！

【656】 水火无情。入夏大雨滂沱，城里城外顿时滔滔，平日和风细雨景致怡人，却落了个灾难深重。凡事过了就不是那回事儿了，度全在自我救赎，浇透着痛快过去了总得晾干，过程中豪气结果了下次来过。幢幢广厦安得了百姓，慰藉不起自然，有了欲望便丢失了自由，蚂蚁还在未雨绸缪往返着，汗水伴着酣睡美极了。

【657】 其实，坚持不懈是一件很难的事，更何况人间交往。山石纵横分辨不出哪是因何为果，自己的永远也许只是他人的一瞬！在自我的世界里来回奔跑像是踢皮球取快一时，很是感谢绝少的人带来清白连同灵魂，使得山石分明、形随神走。难忘就是我的永恒，用一方手帕轻轻地包裹尘封怀中！

【658】偶遇。印象中这座建筑是20世纪80年代末梁峰建筑师设计的，他是“一工局”子弟，自幼素描了得，毕业于西北建院，儿时的画友，一位才华横溢的设计师，只是英年早逝十分痛惜！位于扬子江路北侧的建筑今天尚存真是万幸，从色彩到空间基本没变，很有时代烙印。由此可见建筑的寿命来自拆迁的利益和运气以及设计的水准。

【659】 孤雁、孤烟与孤宴几乎同音同拼，人过留名言过留博！浣纱的南飞雁、披风的水平烟、独自的煮颜，岂不让苍天俯视、大地无奈？一

切从心开始，看不见、悟不到、行不端万物苏醒，那将是竞逐的时代，一个催枯拉朽的当下，没人得以逃脱。此刻，南疆来的西风驱赶着东风，拥抱着、温暖着直到融为一体，你便是我。

【660】总是收到无论专业还是协会等的热盼邀请和获奖通知，特别是我以为很值得很神圣的奖项，末了都会“自愿”交费。听说发表学术文章也得交版面费，官衔越大钱越多，若真如此宁愿省省吧，落个清白！钱万能的学术界还知道两袖清风吗？最后的廉耻像是最后的城市从眼前逝去，还有永不嫌多的荣誉，令人情何以堪？

【661】压力表是用来测试压力的。没有便不知压力，有了得知是否存在压力。社会是表处处得知自己的压力，人生是压力，没了压力价值何在？从前基本没有表也就无从谈起压力，现在计量表无处不在压力随处可见，有表还是无表这真是一个问题。压力小没了动力，过了连表都得爆碎，全是自找，看看身边大多如此。

【662】建筑师严格意义讲是与生俱来的职业。任何学科都有社会、本体、理论的依据，唯独建筑既是社会的也是自己的更是历史的，因此非得具备变化的思维从而适应无常的环境，这也使得设计师非理性成分多了些，可社会是理性的，最终建筑师或将违背自我救赎。过后，人们才会像毕加索一样记得你，这得有运气。

【663】没想到在喀什老城区乌斯塘布衣有一个青年旅社，我是目观尾随老外发现的。不同国别、性别、年龄的人坐在一起，嘿嘿，谁也不理谁，就这样相互感染体恤着，听不同语言、喘着不同的气息、吃着各自的食物……语言是最好的交流工具。而有时沉默是最好的交流。

【664】乌鲁木齐下午8:37是北京时间10点多了，回城里的路依然堵塞，也好可以想想。中午拍摄老城区改造图片，历时十几年耗资百亿以上，很难相信结果如是这般，没了原有的生活、艺术、传统、习俗、风俗，连同孩子们的追逐打闹……工匠、主人、设计师、官员、学者、施工队一起设计建造成型，是什么样子？

【665】喀什之所以为历史文化名城是由其老城区生态环境、空间、生活方式决定的。几个马扎巴扎的文化因素影响是微弱的。如今看不到历史、近代的痕迹了，取代的是邻国的翻版，是文化传播使然还是价值困惑的寻求？或是设计师杜撰与标新立异？不得而知。有一点说明的是20世纪来观光旅游看到的是历史，在今天只能说是景点。

【666】这种场面可能是城市终结之一。外来的或内在正硝烟四起，也许当代内心深处的战火早已点燃，其结果是无病自毙，一个不愿自我付出、笑看世界、怨言肆虐的时代终究没人可以逃脱。静心看去、善待万物、体悟人生会有极其美好的感受，感恩一切的到来连同你以为不需要的事件，其实，没有好坏和善恶。

【667】月亮和太阳是可以同时存在的。一个雪亮精灵、一个暖意融融，都说一个冷一个热、一缺一圆，事实真是这样的么？习惯了原有的生活轨迹是衰败的表现，生活每天都在变幻着美妙带来人间天堂般的色彩，远处黛色、蓝色、浅色，你还可以也应该想象得到那七彩霓虹！生活的

美好源于无言自在的呈现。

【668】建筑是技术也是艺术更是对待事物、环境的一种态度和人生价值观的理念。中央决定：五年内不得修建楼堂馆所，尽管对建筑设计行业有所冲击，我还是很赞同的。参天大树虽然挺拔，可小小无名花草在生态环境上起到了不可替代的作用。大树要栽青草更要培育，高楼大厦不是现代文明城市的唯一标志！

【669】红砖绿缝很拙却很质朴也就很亲切看着这丝丝缕缕的温暖，小丛花儿放在小的圆桌上很是平凡亦生情调。把心放下稳当、平静、优雅地慢慢享受工作带来的合作快乐，每天不同的重复来自于心安理得，没了占有的欲望多了给予的余香！儒雅的淡然像是在普罗旺斯紫色的海洋，心旷必神怡，狭隘角落里的心不会阳光。

【670】趴在窗台写作业是一生中最自由随性的事了。没有选择、没有害羞、目的明确写罢玩去……于是，床边、地上、石头上成了课桌，自觉地用袖子擦鼻涕，伙伴们的叫声是幸福快乐的，母亲的呼唤是悲催沮丧的。渐渐地母亲不再大声疾呼了，只是微笑、挥着手“快出去玩会吧！”嘿嘿，还不走了。

【671】20 世纪 90 年代吐哈油田职工购物中心。不在城里，去的人少，外界陌生，多年来在基地承担着……有时想：世界上没有认知的事情是不是比已知的还多？明白的已知是不是真知？清楚相对不清此刻，难得糊涂是真的大智若愚？生活在变化中就不可能至真至纯，珍惜瞬间的真和刹那的纯！瞬间就是永恒，永恒就是无限瞬间的延伸。

【672】建筑的结果只留下空间，具体化是留下来亮的和暗的部分，我们叫作阳光和阴影的视觉。空间是抓不住的变化莫测的流动，我们不过是记住了瞬间权当空间的结果，一个非常态的记忆却是我们对事物的最终认识，这不是建筑更不是空间，充其量是失去记忆的纪念！生活中比比皆是意义违背，虚假和真实都在背叛认知的初衷。

【673】人们记住简洁特殊的形式就像是记住成功，所谓杰出胜在当下的显眼，后来多方加强、避免雷同也就有了历史，这个事实多少是后人的谦让，我们应该感谢后来者的胸怀，否则没有传统和文化，为其形象整个功能与建造结构设施一律避让，一个时代的价值观！

【674】实体空间制约着思想放飞，这就是为什么人们追求空的原有，只有空能使得每个人去想象、去拥有、去再创作，哪怕是心灵一刹那。有机会实践真是万幸，干活是一个不错的选择。运动在生命将要毁灭时刻，边笑、边干活、边看着一切的结束从头到尾，这叫完美。

【675】混凝土上刷涂料最好是白色那便是我的最爱。夏天大碗茶蒲扇白全棉汗衫哪怕24支痛快！其实，天不管你的好看，地不理你的金贵，人不看你的文化，都在忙着呢，懒得听和看。说教的时代已过去几十年了，人人都在说教也没法儿听了，给天地他人当听众观众还是不错的选择。

【676】可能是最寂寥的场景。动物、植物、自然简单纯粹得使人发挥无尽的想象，看到一个永恒的时光之河！远古至今留下的、完美的、继续的，不断撞击越来越贪婪无所顾忌的欲望，警惕、深邃的目光如火炬燃烧着怒火，坚实的掌爪磐石般地隆隆作响。记住：那远去走来的骆驼指引轮回的方向，在亘古不变的今天往返……

【677】墨尔本。梯子、蓝墨、刷子改变着城市色彩，摧毁是由心情决定的，明年再来过。值得留意的是：往返着春夏秋冬的循环尚属可逆，怕的是勇往直前丢掉了自己回家的路，真实感在于重逢，此刻与过去之比较，建立在过去了的肩上踏实！为了一个未知的借口原谅虚假没有希望！暂时的永远与永远的暂时是两码事儿。

【678】坚守是一种品德也是愚昧的表现。每个个体都有其独立性，群体只是形式个体才是内容，只有坚守者注重完整实质很愚昧！原本与现实的分离造就了集合的终结，都是存在的合理，哪儿有唯一的归处？高贵与下贱中飘逸着淡淡无味，闷热的阴天没有烈阳也不见风动，这淡淡的夏天！

【679】生活及生活的方式即便最普通、最私有的，也不能自主。落叶干扰了春的盎然、雨水湿了心情、一声犬吠惊醒了色彩的梦！看到兔子乖乖地被永远，许是自在。有时我们的不懈努力恰与心愿相反，建筑在秩序的空间里、人的环境中，违心的事和被糟糕的心充斥生活的角落，放大着、回荡在内心，生活一朝一夕原来如此。

【680】过路得小心翼翼，咫尺天涯绕着大圈、打个酱油非得去超市……节奏快了？林间风吹蝉鸣、夜晚蟋蟀嘟嘟、萤火小虫飞来飞去、两只小手可以捉蜂采蝶……哪里寻找过时的光景，还有远处的山峦、身边的小渠？心不在哪有生命，情丧失还有眷恋？天晴事儿阴沉，阳光依旧却灰色蒙蒙，飞走的是光阴，留下但见残缺。

【681】夫以为：大长足孤独行，浪迹江河茫野；堂前孝忠之事，肝胆相照侠风；蔑视行色诡异，放歌四海游弋。开敞男儿胸怀，寻觅高

风亮节；汨罗可歌可泣，月孤铁汉铮铮；直面沧海横流，问道同根挚爱；笑看市井之徒，挥撒七彩人生；化无形于飘逸，求索人生真谛，此乃大幸。

【682】20 世纪 40 年代初，属羊的姐姐出生时家父亲手打造的一柄铜漏勺，直到不久前我决定不再用它捞面条了，该让它歇息一下。阳光下闪烁着铜的变化，空间是洁净的、连续的、完整而又奇特的，全然没有过去工具的概念，看来，功能威力伟大，承载的不光是使用还有历史的记忆、时代的痕迹、情愫的储留，读它就是自省。

【683】十几年前悉尼的一个小店，一人在做。每天三两个蓝色器皿，无所谓买卖，终了总不会忘了写上自己的名字，不像为名倒是尊严和承诺，500 澳元不便宜的一个小罐。在我眼中是占了便宜的，每天看到蓝色的深邃、神奇、安谧……那个金丝镜后的明亮而细小的眼睛充满了得意！

【684】各种各样的欲望把城市搞大，膨胀的相互排斥在吵闹中忍受着痛苦的快乐。构成这一切的要素来自于独我的自由，显然这并不公允。使得相互尊重、相对公平、相安无事的环境变为遥不可及的海市蜃楼。倘若以后的日子靠自觉不行，那就得靠无奈的园林调解了，于是，或有更多的人为寻得一方净土，将遁入园林求一统。

【685】角度、立场、视野重要吧！这个世界充满了奇幻，我们可能是其中最微不足道的一部分。有思想的和我们认为没有灵魂的都在一起，相互依偎，罪恶的和善良的，不同的是访问方向为分歧，彼此排斥、吞噬着，也许都自认为做的是一件事，都在宇宙空间悬浮着，失去了脚踏

实地的感受，唯一实在的只是自我的意识和逸事。

【686】那年卫城下海天一片湛蓝，只留下白色的世界和高窗挑出的玫瑰、探出的姑娘发梢。尽享地中海无风的凝固、阳光灿烂的炙热，汗水浸透衣裳，一个无人问津的滋味。幽深的门里但见蓝色眼目连同手工绘制的器皿，没了酣畅淋漓，多了屏住呼吸，那美妙、洁白、幻想隔着后墙与爱琴海一起汹涌，那昼、那夜！

【687】俏伊的手也能托住生命与轮回，犹似如来尽在掌握！空间总是存在，只怕人来人往入俗许久，僵化有如走肉，拼抢着亡去的尸体、践踏着飘扬的灵魂，随意秒杀蚂蚁，殊不知他们正在被自己以及自己的他们阉割着。精神与肉体分离是幸福的，那原本不属于自己的壳，一起走的便是人间极乐。

【688】改造自然、描写生活、创作空间是极其狭隘的潜意识自卑与虚伪的表现。没有什么需要改变，自我救赎就应放下奢靡皈依自然，坚守行将失去的记忆，这只是瞬间。建立新的生活空间不过是满足眼下的各

自迷茫的目地。所有的宇宙、自然……充满着变化、创造！用心、永生爱着发生的一切那便是你！

【689】20 世纪 90 年代中，眠云先生从墨西哥金字塔带来的图腾磁盘非常喜欢。图案、内容、形式特别是制作的材料有主调还有许多跳跃的色彩。去年秋在墨西哥第三大城市停留 10 多个小时，只记得：30 米的国旗、满街的银制饰品、穿白色袜的中学生、不黑不白不黄的矮胖人。

【690】海蓝天莹绿草夹裹着雪白的大山！依偎着昆仑抚摸着帕米尔远眺着戈壁沙漠，这就是冰山上来客必采的高原玫瑰——塔什库尔干县。去年设计了没人顾瑕的图书馆、博物馆，当地人说是他们的建筑。这不据说拜火教发源地遗址保护来了，可太远，近 4 000 里地海拔 3 200 米，心不晕头晕，做这样的工程不晕也晕！值吗？

【691】建筑之外的空间才是真正意义的公共场所。也许建筑的单体本质就是营造一个宜人的环境，本体的设计只是这块豆腐似的立方体如何切块而已。比较、差异造就了伟大，其实，伟大只是不同时期的审美失衡，相信没有永恒的建筑。

【692】昨天发了也不知道到哪里了。那年全国建筑学了解国外建筑主要是这本油印、小钢笔、徒手画的教材，我揣摩着一定是当今彭一刚院士的手笔，次页是华国峰主席关于学习具有时代烙印的话。现在信息来源宽泛，可总是记不住。用心专注留心时光和记忆也留下了自我的青春岁月，有些不经意的事可能惦念更久。

【693】结构是建筑安全的保障更是建筑的基础和设计的原初关键。苏

联式将建筑教条化、分类工业化是对事物的不解或者说诛杀。当俄罗斯在改变而我们仍然承传着，一个从来外国的月亮比中国圆的宿命终将毁了我华夏民族！学术、技术、文化有时正是社会发展的绊脚石。远处孤寂的伫立是为了重复的到来……

【694】美克老板是画画出身，靠装修刷墙到上市公司，大约用了 15 年的时间，从一个希冀用自己双手努力描绘与制作赢得业主满意的人，到给建筑师们提供创作环境的人，是一个了不起的变化，也是一个自我原创的典型，只是稍不留神原创到另行了。我们专业建筑师，是否也会这样，难道他以前不专业吗？

【695】建造与建筑是不同的概念，是过程与结果，我不太苟同。有目的本质上说就不属于建筑及其空间，生活在变没有哪一个容器放得下“变化”。建造和建筑是一回事甚至建成都有一个共同目标，那就是不断适应环境的变化，出生入死只是一个完整，还不算轮回。山上冰、平地湖哪是水哪是物？当下看见的是真水。

【696】“学习不可凭兴趣，没有无用的知识”，这是 33 年前规划原理课本扉页的自我提示。可能觉得规划与建筑关系不大，事与愿违现在每天与规划有关，看来原本命中就有。那方印是家兄上学赠物，上治“莫教空度少年转白头”，如今果然花白空度依旧。旁小圆“旭”，应了“天天酒日”。教材试用，人能试活吗？

【697】中央电视台气象预报中，喀什市背景是喀什火车站。此建筑 3 000 平方米，铁道部有规矩不可超冒，可毕竟是重镇的门户，命我坐镇兰州铁一院，方案做完，满意可归！大门、拔起、蓝天、山峦、沙黄、

高台……如今已是 16 年一挥间。留下胶卷却无处冲洗，时代有情苍天无义！上上下下的旅客你可知道设计者的情怀？

【698】10 年前和田的夜晚一老人昏暗油灯下青葫芦雕刻……卖吗？忘了多少钱，只记得“白天刻的会更好”。视角不同像是等大的鼓肚。一分为二总是理由或是借口，直线思维行不通，对错总是两方面这个辩证法拿它一点儿办法都没有，万物本无错对用利己观察评判一切实在枉了事物的美好。友善就有善，自利失自利。

【699】“道可道，非常道”……道是不可之道，可之道不为道，道在混沌确定，各自以为道，圣明之道亦不知之道，己道各自杜撰。可之道即为明道不为道。非常道不知之道，是常而不知常，固此，无非无常之道，多为行走于非常道，寻觅非常道，其真不在道。无道者无道着任行天地亦叫无法无天，有道者无道可走。

【700】弗兰克·盖里是想做不同而又伟大的事情，尽管他开过卡车、想当飞行员。光影、象征、有趣、陌生还有金属是他的爱好。他脸皮薄、有强烈的自尊感和虚荣心，只接受直接委托的设计，竞标输不起。他是不同于大众的，尽管建筑多元多彩。告诉业主自己的唯一性这很重要！

【701】改变、顽皮、幼稚往往是建筑师们的特点，我说的是能称为绘画者的。建筑的多样性来自于设计者和业主的胸怀、品行、情怀，酒香不怕巷子深，何况那么大的建筑，用灵魂去工作、把工作当成快乐、无欲所求必有超凡之作。建筑的评论不在当代，我们只能做到尽心尽力洒脱挚爱灵魂出窍！甲乙倾慕才有新生命。

【702】缺，不缺。中轴对称不偏不倚是为完美，城池织锦粮草丰润实乃不缺。四角缺一为旷世孤品，还有断臂维纳斯残缺等待，缺与不缺几许区别？人来人往茶凉可鉴。各色人等热闹非凡好一派平和，君不见空与满来自走各纠缘由大千世界！不同心怀异样感受是为缺，无心钟情得无缺，诺大空间缺？

【703】转眼这座当时“夺人眼球”的七彩楼快建成10年了，70米宽100米高的混凝土方块用27元每平方米的超低价涂料成就了少花钱多出面积的市场要求，一个不得已而为之的设计。光明路上黄灰一片有了天山坡下的色彩，算是另类。当时杨刚书记说：有荷兰客人认为乌鲁木齐很开放，大胆用了我们同性恋的色彩，真危险。

【704】仅有空间、体积，没了光明是存在但形式和概念还会是我们的认同？这个星球不被看见的和看到的虚实未必真实，其实即便当真也只是在我们人认知范围，难保本来。多数事物是这样被命名、被认定属性的，不管愿意与否强迫是一种爱好，被束缚更是一种习惯。海和天还有大地它们在对话、娱乐着，中间的只是观众。

【705】16世纪前伊斯兰教还没有传播到西域。清末以前的拱拜（穹窿）大多是为解决跨度而产生的，当地民居广泛应用。20世纪80年代用现代材料和技术建造的穹窿大抵是一种形式所为，这座建筑是人大办公楼，其曲线、比例、尺度还是蛮经典的，那时设计局龚德顺司长多有肯定。建筑反映时代是对的，永恒是另一回事。

【706】装满信息是为了使用，简单的置换像是换内存，一种翻腾。家雁、骆驼穿行北非撒哈拉一直前往是生命所迫不曾驻留，勇敢而又盲目这是

它们的宿命。有一种植物叫“复活草”，百年干枯百年轮回，几天发芽十几日开花，烈日决定其生命的长短，沙漠之雨拯救命运，可是，大漠雨差不多百年一遇！神秘莫测的生命。

【707】局部，不总是狭隘的代名词，也许整体只是细部的简单堆积。人们总是从宏观出发最后才顾及微观，路线不同结果会截然相反。本没有赞美的结果，目标的达到就是固定的、活生生的结束，想着终结而去奋斗岂不是愚蠢？变化的一切解释了一切的变化！不论人们如何定义，本来的都是属于局部的全部。

【708】乌鲁木齐地震，六人在房间都没惊惶地站起来看着我说：哎，地震了。讲完拜火教遗址保护俯身看去，大街小巷人头攒动，报平安的电话让人感动。大灾难是可以大拯救的，特别是灵魂的救赎，瞬间的善良再次淹没在物欲横流的大潮中，不可抗拒。秩序、认同、胸怀重要，在当代假的比真的还真实。

【709】最近快写完的微博总是莫名其妙地丢失，看来简单不简单。过度的渲染、拔高、献媚不过是对生活的亵渎，过到头恢宏壮观大美大真，日子还得一天天过。平凡事不平凡，伟大只是平庸的产物当归属平凡。灯红酒绿的追求不如普通中的灿烂！多少是多？多远为远？多财为富？

多亮才帅?

【710】 我是搂草打兔子的。傍晚，看看一亩三分地长势如何，心有惦记规律着日子，看到不同的花儿动物健康快乐地成长心怀满足。无穷无尽的生产想着每天的劳作看着简单的回报，原来如此。种瓜得瓜正是，若想得豆可是妄想，明白事理这才过得有滋有味。酒杯的宫廷上篇看过，壮丽辉煌喜欢就好。草兔也是这样。

【711】好人为什么会变坏？炮火中响起悠扬的小提琴声，这种才是天籁。当动脑筋设计犹如恋爱、美餐、渴望，忘记了时间和空间，随着快乐自由飞翔离去，在没有形式的王国亲吻着挚爱，瞬间是永恒的，永恒也是瞬间的，在交互中烈焰升腾……诞生伟大的陌生空间，不同时刻、心情、场景都有着全新的另类!

【712】 这座村庄自在繁衍着生命，相差无几的刀耕火种顽强地传承柯尔克孜族大漠之魂！在没有文化的时代人们夜不闭户，当文明传来渐变的尔虞我诈，好人是这样变坏的。我们还相信所谓文明以及光环下的虚伪？最后的、绿色的、生态的环境也许正是没有被文明过的地方。希冀庄里有吃喝，有嬉笑，还有炊烟袅袅……

【713】 密斯喜欢钢铁和玻璃，那是工业革命产物，也是特殊时期的反叛，在当时凤毛麟角。高寒、烈日炎炎地区我想设计者一定是：①让太阳更猛烈；②室内有用不完的热风和冷气；③观赏满城的混凝土；④给城市更多的炫光……

【714】西大桥西原是新桥粮店和人民照相馆，20 世纪七八十年代的新建

筑，尺度、比例适宜，最近拆了重建还好没有把河滩公路变成巷道。遗憾的是在乌鲁木齐市能够找到20年前的建筑算是稀罕了，这么一茬茬推倒重来，城市的历史哪里寻找？好在孩子们长大不再回首这个熟悉的城市，带着童年的美好做着会更好的城市梦！

【715】左不是建筑右也不是，左右不是建筑。左图是个容器，功能性强有内部审美，关上门一个盒子工业化的标准流水产物。右图是个装置，撑着是其功能，上下随意搁置着随心所欲的物件，没有审美的固定。两者的叠加即为：功能、美观、模糊、多重、变化……被记住是建筑重要标志，被使用是建筑的目的……

【716】顽石，多有贬义。我不这么人为。不变品质是当今难得的价值，纯、简、朴、素、真、洁、静……始终如一，给予人们无限遐想和向往。千万年铸就完美，历史的痕迹尽在其中，陶冶、净化我们的心智，畅想漫漫黄沙何处安身立命！时而流水人家、山峰雪域，蕴藏着无限风光。坚持不易，自愿快乐地坚持更不易。

【717】波。人们需要规律更需要安慰，所有的经验对每个人来说都是第一次也是最后一次，总是把自己经历的历史告诉后人不再重蹈覆辙，

殊不知生命的意义不是为了避免所谓错误而是自我救赎，一次次悲喜剧的重演都是每个人命中注定，没有任何经验值得信赖，心、水、云、血压、股票、辩证，都是自说自话，行己路。

【718】施工图。一个告诉工人如何将纸上谈兵变成实体建筑的文件。每个线条、尺寸都包含着设计师的心血，这是一个直到建成也不能说完成的职业。非常遗憾的是我们总是搭乘历史的末班车，信息的迟误反映时代的飞速而过。说创作倒不如说是补过，从来都是马后炮！也好，稳健更显得厚重甘蔗得慢慢吃。

【719】东庄，一个没有规矩像是小学老师总是说我自由散漫、无组织无纪律的学生，它很不像个建筑！不过开始也没当成工程来算计。本来空间就是无形的被有形，尊重空间活力四射还不应该吗？叶公好龙失德也失面子，让空间飞翔吧！那蓝天、白云、绿草……我们得不到的为它而阳光明媚。如果顺利初冬它该发芽儿了。

【720】石头就是石头。价值是一种约定、定义或标准，实质事物本质没有绝对优劣，正确与荒谬相差一步不到，难得心中平衡。无瑕的玉远不如所谓糖皮至尊，其实那不过是玉的天然，这连累玉的高洁了吗？为了我们的方便世上有了天地动植物，事实上，它们是不可分离的整体，

人类属性同人格不同。

【721】醒目的标识指向利益，抢占先机空位不再。骨子里的“我能！独卓”上演着出出铜臭好戏，我们需要一个：没有过去、没有文化、没有民俗、没有自然、没有环境……的城市吗？鸟儿飞了、虫儿死了，布景似的建筑及其环境正是城市最该铲除的垃圾！美好没了标准，污秽也是时尚，文明特别是精神得从头开始。

【722】设计是一种生活更是态度。为获奖、名誉的所谓建设和设计根本算不上建筑。生活情趣、对人尊重、对物理解、少花钱就是环保。如今，规划人将有了自己的发言：“规划”。夫之见，刀戈麦浪，景观田园，水到渠成，路路坚信。东庄实践玉点精心绘制，起始于城落脚于乡，何如？遥看千里冰封三十功名悠哉。

【723】玉麒麟。十年聚，不曾离，酷暑严冬休飘逸。屋空闲，人忙碌，独自傲然尽活力。顺无刺，逆非禅，满腹激情安百川。一声谢，俏无语，人间天堂何处觅？呼之了，一抹喜，日子东坡昼夜红。君般依，诚然贵，无花落叶是与非。林夕梦，日月辉，别后忘伊人娇羞。且看那，遍牛羊，风吹麦浪雁飞扬！伫立寂静。

【724】动摇。唯一能够撼动内心的力量来自于生命！初秋成熟了万物得到完整始末，一切都在散发各种各样的诱人气息，器官的感受与心灵的颤抖交会着、撞击着利己的主义。止步于过去的欣赏，行走在陌生的未来。12.5 万亿年前的全球性海洋，6.5 亿年前的雪球世界，四季的变迁几乎微不足道，创新不过是一盘小菜。

【725】再见，永不再见的再见！打倒牛鬼蛇神时的粮店、摸着石头市场的山庄商店、今天以前和谐的“180”、明天的西部生态研究中心……正式样子得再见，这基本是与旧建筑诀别，拜拜才是回过来见，同样的词汇不同凡响，在下记得。空间是不能设计和创造的，甚至形式也是不复存在的，空间和形式、功能不依设计师意志而存在。

【726】今天收到学生的花，很是开心，为师多是说教算不上师长。这使我想起：幼儿园大、小谢老师，小学时孟万宏、郝辛老师，中学的包汝民、刘颖湘，大学时张缙学、张似赞、侯继尧、李觉、刘宝仲、秦毓宗、王正华、刘振亚、张宗尧、林宣、蔡南生恩师！周若祁老师还有许多……恩铭记于心 。

【727】真的是真的吗？以为就是全部，在空间中每个人的真实都是各自的以为，这种结果没有共同的以为、没有共同的真实，唯我独尊的真只能换来相对的假，这就是孤独的根源，一个近现代以及未来都无解的死穴。也可能是空白、耳旁风、透明体……是获得真我的途径，那便是无我亦无道。没人圣明只好乐在其中。

【728】空间本来是没有属性的，是一种纯美状态，表现的与人无关时空自在。人们加入各自情结，便有了所谓民族性、地域性、艺术性……把空间打上标签是人类的最大爱好，像是所有动物占领域的那泡尿！艺术无高低只是区别对待，分裂是必然的，欣赏为的是不同，那一点儿存在的理由，在空的划分中给予记忆。

【729】实在是对红酒没有兴趣。习惯是群居的基础，也是一种秩序、文化，凡事有了惯性就有了历史，当然就会传承，自觉不自觉都是如此。

改变生存的方式是徒劳的，新鲜一下是为了更好、更快地回归原来的日子，现实的喜欢只是与众不同希冀的反响，用一生去实践很是可怜。听见花开梦见花羞是你最大的造化。

【730】孤独的角度。辉煌、破落、钢铁、自然，最终回归原来起点，千山万水不过一山一水，多高多深才是见山见水？每个过程即为结果每个结果的本身以及之后还是结果，只有每天每刻都是有结果的人才是快乐幸福的！那把人生当旅途、为过程、盼未来，真把自己不当回事真可谓大公无私。拿、采、抱每天的结果。

【731】距离乌鲁木齐约 1 800 千米一片胡杨生长的地方，两层小建筑几根柱子红砖内外薄薄涂料，没有勒脚散水用泥巴和当地人一起往墙上摔，没有规则无序自在，新建筑像是棚户了，摆显不得自我安抚无愧。前些日子看不惯各色第一流光溢彩，把一堆土摔了出去，此建筑竟获评委批准，看来业内有奇人！

【732】干辣椒。吃不完绿的怕坏可惜了，放在阳光下一天天变干变红，食欲大增，原来事物有自身皈依，一种定义不同存在质地还是辣！什么是纯天然？建筑设计也该醒了，设计只是帮帮忙而已，真别创造了别人

的生命，那可真的是谋财害命，落不到好。看到了红色也就成全了绿色田野。喜欢辣椒的变化和不变的辣！

【733】同一物体不同环境其表现出来的情感大相径庭。本质区别不在本质，在于外部因素，这只是我们看到的，事物总是被动地接受强势来袭改变自己，最终连自己都不知原初，很是沮丧。真实是有条件的，客观的还是主观的都是真实存在的，还是要明白“这一个”，概念很重要，重要到什么是概念！是非是不分的。

【734】习惯了光的灿烂也就成全了空间，夜晚的空间只剩下黑天和思想，居然环境是照亮的，一切在于我们的知觉，可怜的不知不觉！如果建筑是有生命的、立体的、彩色的，如果我们希望永恒的，那么请尊重黑夜中的他！实用主义盛行时期这几乎就是登天，中秋将至何不在遥望嫦娥之际顺便看看建筑及周围一切?

【735】亲手重要的是倾注，还是先处理白菜帮子，再把叶儿重叠转向切去，省进省力。小时候练就的功夫那叫个快！自然形态各异，先天不同，别说再加工了。形式是万变的，每一时刻都是它的离去和重生，非既定性地研究建筑几乎就是真理，一个讲不明白的道理。我喜欢自己创造的普通生活中的佳肴。

【736】回忆是幸福快乐的也常常是痛苦悔恨的，钢铁在20世纪中叶保尔·柯察金已经炼就，我们现在仍然在孜孜不倦，有滋有味地炼着。也许一生都是在炼狱中生存吧。炼，是个好字。

【737】每一个时代，总有属于那个时代的故事，在我心中记忆犹新的

是一个感恩加一个感恩，不论酸苦与甘甜，它却属于我命中注定的，命中的就是生命的一部分，我会好好地珍惜它，面对它，拥抱它，热爱它。回忆和铭记还会继续……

【738】建筑是地区的建筑，喀什的乌斯塘布依和高台民间构筑建筑的方法和理念，细胞繁殖式的自由生长肌理，因地制宜巧于相互依存的内在构成，是建筑特别是西域建筑创作的历史印证。空间的形成以自然的外部环境要求作为压力，以内部功能需要为扩张力，两力挤压的界面就形成建筑的外在形象。

【739】冷落了的太阳！农历十五一年十二次，即便如此还是爱听八月十五的故事，若不是太阳，月亮是天天圆的，还会有那天涯共此时？没有树挂、没有秋风、没有孤单就没有中秋！一个离别人的节日，一个怀念人的日子，一个期盼团圆的日子。同一天空不同情怀，太阳与月亮决绝的时刻、人类杜撰美好唯我的一天。

【740】月亮出：东海？山涧？家乡？城里？草原荒漠？还是井下？随便太随便了，月亮出自然出己心。空间里的空间，空间外的空间，太空了！有限的视野，狭隘的心胸，于是歌唱永远赞美海天，在自以为是的环境中幸福快乐着，孰是孰非是非不分，中庸加浑噩有时凉水浇头不好吗。心有就有灵犀，处处中秋家家团圆！

【741】至此一切关于圆聚的话题烟消云散，重归往日时光。瞬间也不能永恒，还寻找什么不朽！自我可怜的自豪而不可理喻的愚蠢，大爱无痕、大智若愚、大悲大喜！再看那人们离去的月亮，依旧如初……

【742】上学时，迟到是件十分丢人的事儿。有一种迟到是思想落后于实践。有一种说法叫“眼高手低”。有时，往往手比眼高，这是踏实的作风，却又是落伍的表征。

【743】一步步的进步，一丝丝暖意，美好时光无时不在。起飞前的快乐，因为普通的爱！建筑及空间普通些好吗？别再大声喧哗破坏这自然的空间，借用环境好借好还！建筑应在变化中求统一，以“变异”的眼光，用非既定性的构想理念，使建筑具有混沌的形象概念，摒弃传统类型的创造思维，做到陌生中熟悉。

【744】早晚。昼劳作，则安之。开始到结束，领先与落伍，总会错机遇，一天和一世，循环伴夭折，及时对迟误，奋斗面无奈，期盼与失望，祈祷和终结……万事早晚面对，晚了的早安，头尾相连，早晚一对，晚早成双。起始、过程、结果，对立、传承、统一，早晚的事。建筑在早晚的建筑，没有开始也没有结束！

【745】今天法兰克福的被动式建筑专家面对“东庄”，割舍不下它对环境的理解与尊重，于是，提出在不影响建筑师的整体观点下进行绿色、超低能耗直至接近 pp 标准。我钦佩他对其他专业非专业的理解又保持友好的态度。建筑是场所的，除其之外的元素对象，门窗构件不过是千万之一实在不算什么，趋于平淡自然回归。

【746】乌海创意园是老矽厂改造。首先，放到哪里都是更新的砖、当代的玻璃和钢铁，其次，7 500 平方米占了几十公顷的面积，尺度豪迈！变化的空间使建筑师的才华四溢，可贵的是所有的空间和家具都是设计师制作，对于砖头的热爱我闻所未闻。这需要欣赏体味，那地多脏，勒

脚清洗、透光的天窗积雪怎么办。

【747】通用。扎哈、盖里、库哈斯风卷残云就是新的厌倦，风格只是一种情结，一种近似于病态的习惯，从陌生到喜欢之后等待着抛弃，人的本性使然，也是事物内外在的必然。满世界的红砖、青瓦、钢铁、玻璃还有花费了巨大成本的绿色、生态，早已忘了建筑的意义，道成为论坛上的时尚，谈笑风生、风流倜傥那德行。

【748】近千里，3 700 平方米单层，400 万投资的礼堂、图书馆、展览馆在当代像是天方夜谭，却是真实的故事。夜里住在老年公寓，没有厕纸、拖鞋、浴巾、电话、烟缸……还好有枕头被子，只是刚刚刷的油漆刺鼻难以入睡。想起 20 世纪 80 年代设计喀什体育馆时住在平房自己用火炉烧水的境况，能为此地此时做点事心里坦荡。

【749】80 多千米长的团场与哈萨克斯坦一步之遥，3 000 军垦战士 1962 年伊塔事件发生后组建。地分给每个人，自耕自助其余全靠下拨资金，风景如画只是旅途遥远无人喝彩花开花落风展云舒。城里人忙着 500 次的无聊，乡下还在 600 工分，人间烟火时断时续谈何梦想。只有皎洁的夜空给了些许上帝的公平，宁静致远?

【750】没有净土。站在这个星球人们寻找着宣泄平复自我的母爱，连一朵白云、一片红叶、一汪清水不曾放过，满世界寻找最美景色，拍照者践踏着秀美山川，在追逐梦想空间的同时咒骂着美好时光！这是何等的滑稽，用自我的尊严蔑视他人的自由，一个作茧自缚的结局。美好生活属于热爱自然而然空间环境的人们!

【751】荒芜枯叶彩蝶。风光旖旎来自心情，以心展开的世界无论怎样都属于自我，离不开一个“私”字，以其观天下犹如井底之蛙那一方天地！走动的人和不动的胡杨，还信人挪活？孩子们的画必定不是内心世界，只是表达能力有限，而大人们聪明地以为他们喜欢小儿科，强迫。

【752】鸣沙山。游客踏沙以期亘古舒怀纵史惜今，嗟夫沧桑浩大生如夏花颗粒，形态之变迁本质故我好一个大千世界！万万年悬殊区区百岁，可谓谈笑风生水起一挥间。承包商自制铁骑肆意践踏黄沙漫天，戏谑无聊于征服自慰。一对蚂蚁纵列奔袭没有目标也没有奢望，简单地行走，王国中尽显国王，人似沙兮善哉蚁。

【753】蓝白飞翔。盆地不远的山城远离大海也没有沙鸥翔集，渴盼差异空间的互补寻找完美世界，这不可能。取长补短是愚蠢的，更多人是欣赏落后的，如此便实现了自我安慰，进步使人气泯，地区的不同空间得以文化的繁殖，禁锢是为了更好地成长，这需要时间和历史的空间，不为证明，未能实现的真理才是真理。

【754】没有固定的空间也就没有永恒的建筑。像是收割后的麦田不再风吹麦浪，没了景象却留下不被留意的根。沿着田埂通向苍山云端，好一派豁然开朗！时尚的“高端大气”顿悟胸怀，建筑是过程暂时的借用，所有的一切都是空间的建筑亦是建筑的空间，欲望下的建筑只是另类的强暴！野蛮在和睦的旗帜下横行。

【755】奇怪得很，一条线可以划分国家与地域，可以把空间任意划分。所以，在西域，特别是新疆，以玉门关为界，分为“门内门外”，就不足为奇了。2000 年前张骞西出，两眼苍茫一片，偶尔大漠孤烟，有道是

“春风不度玉门关”，一个没有春天的地方，同样“千树万树梨花开”，雪儿飘飘权且了了对果实的迷恋。

【756】记忆与历史的可怕。上海世博会何先生关于中国馆的符号表情寻根究底刚刚尘埃落定，又见炊烟袅袅。鉴史当不可惜，虽有偷书不谓贼亦不光彩，每天都是历史，往后看却丢了当下实在是可惜、可怜、可恨。未来的日子等待为今天的骄傲，不留下一点痕迹倒也清闲，这日子过的！盛世华庭的空间与百姓有关吗？

【757】开国元勋刘伯承 1950 年 10 月题词“解放碑”。五条路集中于此，“LV 们”簇拥着，碑顶劳力士表告诉已解放的人们现在是什么时候！再回头嘉陵江重庆大剧院通体 LED 曲线、血嘭，江面一片灯红酒绿犹如血海翻滚美不胜收？想起儿时清澈见底，水鱼儿欢腾鸟儿媳戏，隔岸老伯摆渡情歌悠扬传来，孩子们蜂拥而至。

【758】技术和材料成就梦想，文化渗透使我们感到自豪，两者兼顾的对话靠的是理解。构件、需求、能力形成的空间有力而非既定，新的认识令人羡慕，建筑学重点在于“学”上，理解过去、学着时尚、追求着不可知的未来。这是个动词的变化空间，学着是模仿是不得已而为之，没人想学。那得有踏实和神奇相伴！

【759】不如一块石头、不像一丝小雨、不是一江明月，仅仅只是路过。更确切地说是被路过，本来如此不该心高气盛，自然而然给予了我们生存之道，喜欢原本的空间是顺道，如今模仿环境自然打破了真假难辨，躲进小楼成一统的意识下“创造”生态远比现实更“自然”，只是真实的空间出卖了自我，这凸显它的伟大。

【760】功能披上外衣得体就好，适当的夸张也在情理之中，倘若完全不顾分离那是再版的皇帝新衣！生活需要实为借口，表征利益取向为实，内容与形式完全脱节几乎就是潮流，历史每当出现此等，必然有反叛的矫正。建筑反映意识，落后的建筑师态度已说明新的建筑运动即将来临，不等。回归尘土是新时尚之一。

【761】万物复苏之风狂烈也好和煦也不错。当设计成为论坛、圈子、语言时，基本上远离了人们建造空间的本质。低技术、无设计、少精材也许是最终进化。寻找历史感、表现当代精神不是城市和建筑的唯一方向，传统文化是渗透的，没有必要在现实盗版元、明、清甚至更远！每天都是历史，尊重传统，请从今天开始。

【762】阳光、通风很纠结。每天的雾霾，采光对人们来说只是性情的低沉，清晨开窗换气，媒体说下午空气质量好，生活依据污染指数安排，建筑专家要忙着换脑子，常规的经验和教条被环境打得落花流水，到了重新认识建筑为人服务的时刻了。在没有月亮、太阳，在不风和日丽的空间里你要保重你自己。我的变化是为你。

【763】高技术、重材料、精加工真是我们需要的吗？走在工业革命以前的路上，沙土、石块、混凝土脚踏实地，阳光透过窗户、树枝、云朵照耀着前行的路，有力而自信！今天脚下花岗岩、地板砖、实木板材越走越虚。是什么让我们荡起享受双桨？

任由践踏赖以生存的环境。空间不仅仅只是我们人类的，善待万物吧。

【764】所有的发明不是真正意义上的，物质的非物质的本来就存在，遍布世界每一个角落，发掘得越早破坏得越快，末了一无所有。快速的发展给后人留下的只能是满目疮痍。我们的垃圾可能被使用，所谓文明除了布景的奢侈再无遗产，星球是循环的吗？祈求来生也许早已尘封，贪生怕死就得珍惜当下，为此而永恒。

【765】色彩。环境相互之间徘徊不定，衍射出灿烂的丰富变幻莫测的情节，诗一般灵灵静静。灰暗的绚丽、柔美、典雅构成了平静的涟漪，空气中充满浪漫篇章，传来天籁之爱伴着窃窃私语宛如阳光下的开水升腾，水汽伴随着灵魂冉冉飞舞。静谧的快活忘记了时光和无我的空间，美在哪里？每刻每时不远处诗歌颂朗。

【766】真实建筑空间的内外。没有无用的空间，功能的、愉悦的、未知的以及无法界定的。固定与可变的空间应对利益和公利，浪费空间是最大的奢侈，于是小心点够用、适用就好。极简主义在今天该大力宣扬，钢模板太贵，拼命挤占市场，木模简单特别对于非既定曲线还是适用的，只是卸下会“难看”。

【767】天生的实体与空气的界面，真实存在的质地，我看就这样吧！总比年年涂脂抹粉来得彻底，表里如一可谓冰清玉洁了，这不，华丽的通体加胶防爆玻璃里外不是。假的就是虚伪，最终只是建筑师的学术幻想。还想说的是，建筑工人也是专家，如何生长发育好的空间还得他们发言，施工、设计、业主合三为一甚好。

【768】不知道什么时候开始有了二次装修之说。建筑设计的空间是整体认读，仅仅只是外壳样子违背了职业精神，这种状况业已许久，放弃了生命的空间和创意的完整，实在可惜。许多富有哲理的故事任由布景表达，传递的信息脱离了建筑的本质，稍稍回忆古罗马、古埃及、古希腊内外兼修，表皮就是出演逃避！

【769】运用各种设计手段来构筑空间，具有一些本土的元素，一些民族的东西，使它神秘、独特，充满疑问。从风俗文化、民族风情、地形地貌、人文特点出发，到达一种新的、原创的建筑目的，是各种意识的叠加，是一种历史的、现代的、未来的混沌体，这种状态被人们自豪地误以为是心中的理想建筑。

【770】建筑师当然也包括规划师脱离社会基本构成那一定只是为某种原因策划自己的所求和以满足利益集团获得者作为目标的。在江边通体高技术、新材料与咫尺的不遮风挡雨船上人家相当一起，多视而不见，这种状况较为普遍，专家不为良知良能而工作，伤的不是他人正是我们自己，相信自己走过的路会去慢慢地回忆。

【771】欧洲为世界贡献了文明，我们看到亚洲为世界贡献了宗教（三大宗教均诞生于亚洲大陆），深深地感受到不仅亚洲是宗教信仰的源泉，它还为人类贡献了文明框架的基础。然而这一切在社会转型时都发生了魔咒般的变化，产生了不可知的破坏力，这种力又常常借助中国式的思维与解读，“原创”着新的生活与建筑。

【772】清新淡雅。吴冠中先生关于他的美学和艺术多有颂扬，邹德侬前辈建筑学人可能无人不晓了。邹老尊吴老这可是老上加老了，品行。

一同“看日出”是自勉还是祈冀，不重要了。人淡如菊！20世纪80年代末邹老来新疆住在后院招待所二楼与黄为隽前辈一屋，半夜发烧忙了我一夜，倒也感悟先生关于疾病的态度。

【773】前不久去了重庆。今日重阳，活动颇多，可见尊老，也见社会进入到老年时代。当社会人口构成层面时，所有的空间和环境也包括政策法规都得重新来过，不然内在力量将引领社会走向共和新路。建筑设计应该为老年人这一时代最大人群服务，就现今来说只是停留在宣传理论上，路还远远望去呢。

【774】西域的牛羊、山水、城市的雷同以及乡村的古老，构成冰火世界强烈引诱着境外猎奇豪客，没有成规模的战争，在学说、精致、华丽上高歌猛进，一切顺利如意。建筑设计随着光怪陆离陆续登场，一片凤凰就连质朴的麦穗低垂也渲染得空前风吹麦浪！失去了真实存在、黑山白水也就从根本上抹去建筑师的意义。

【775】20年前我在《华中建筑》上说：喀什，第一批99个中国历史文化名城西部的“最后的城市”，几年前我斗胆说，这个“最后”已经不存在了。2013年的喀什市是现代化的中国标准化的城市！这是多少人向往已久的事啊！一直在想：文明离我们越远越好，越少破坏，甚至有“愚昧”才是有知，历史自会验证。

【776】建筑师在当代是尴尬的。一方面对具体的空间设计同时也要把建筑“放到”环境中，既有自身体系又要融入整个社会体系，还要针对具体的时空和历史相连交代关系，很是沮丧。难怪回想一下中外建筑给人们留下美好时光和印象的大多是百年前的遗址，当代精神更多的是昙

花一现。

【777】美。不同时代、不同意识、不同文化审美是大相径庭的。美不是一个表象更是一个整体的自我和客观的全部描述，本质上讲它就是人类生存的基础，一个区别、比较、差异的结果。任何事物以及它的延伸都是美的，只是我们胸怀不够宽广不能接受，所有的战争几乎都和审美有关，美丽的世界带来丑陋的杀戮，美是丑的。

【778】没有天边更无海角，一个在形容词汇里的地域中不可能有原本的空间。在向前奔跑的人群里没有目标和怀有向往已久的目的形成了洪流，当达到目的地时连起初终点都会摧枯拉朽继续汹涌澎湃起来，疯狂的向前变成了一种生活的定义，只有狂奔而去的生命！之后，一片马蹄声碎、尸横遍野、废墟城囹再无生灵。

【779】生活在传统、还是当代文化中？要么混杂着生活。奇妙在于还有第四种根据自身需要不断地变幻着生活方式和准则，这使得问题很复杂。当出现分歧时严谨地说，最终进化是战争，也许战争的方式方法有了多种，人类发展本质上是需要形形色色的侵略。建筑的形式极其空间大都为之倾倒，设计服务于强势文化。

【780】房子，嗯！小时候对建筑的统称，现在看来比较准确。今天所有的建筑都有其价值取向，用环境、场所来描述建筑又涉嫌宽泛的学科领域扩大化。嗯！房子，有了建造、材料、设计的概念，也表达传递了其不界定的社会属性。比如：水桶，可以盛水、装沙、储存等，我们需要一种具有历史感、“皮实”的建筑。

【781】寻找没有设计的建筑。明天的说说，可是认真点又很难找到没有烙印没有修饰过的空间！忽然想起眼睛，不同视角、不同结果，而这结局都已经是被怀疑之后的肯定了，就连质朴无华的心灵窗口如今也是眼花缭乱了，是环境的浮华还是眼睛本身就是奢华的升级？

【782】线。规矩与限定，事实上是空间的另类塑造和精神意识的控制。仅仅只是对人的尺度、行为而言的一种秩序和约定，倘若心中有了“线”则是一种宗教信仰，线所约束的是我们自己，人之外的空间属于灵魂冉冉飞舞，它是自由自在乐享生活的。生活在禁锢中是人类杜撰的世界也是自我安慰、控制非理性的手段。

【783】公共场合多有看到的公示栏，是明星、标兵、承诺还是一种监督、示众、教育还是责任的归属和岗位职责的分配？太多的含义与建筑专家面对作品展示心态是否极为相像。交由公众评说每个人都在紧张的状态下工作，哪还有乐趣和放松的优雅姿态？人紧张，空间更强势，产生许多不得不接受的生活方式，累吗？

【784】实用的东西。在不同时期有了差异性的变化，中外古今关于“它”的定义随着时光、文化、地域的变迁而发生着翻天覆地的变化，这就是“时尚”，好在根本的吃的功能没有改变。如今的建筑设计似乎并不在乎其本质，向口红学习变幻着形式和内容，完全放松了原本的意义，如此说来，建筑创作不如那张嘴！

【785】几年前的“逗逗”（深圳机场超市中的一个洋娃娃）依旧如初，每逢相遇很是相知。不变的永恒，变的是我们自己。变幻莫测哪里寻找完美的永远？不断地前行是为驻留了新的开始还是遗忘的逃避，前行是

没有永恒概念的，只有留下才是不朽！“逗逗”留下才是真，勇往直前没有历史，等待后人评说是极端的个人主义和没有责任的表现，顾忌才能顾及。

【786】当晚点成为习惯。晚点的事儿很多，其理由也多样有理，人生苦短在这里变得很大方，假如生命也常常晚点而且是无期无限那该多好，一头赶路一边磨叽热闹。机器可以精确、值守，我们做不到，因为影响我们的事儿太多太多，端菜的也会因为你的态度决定早晚吃饭，忍了。慢慢地享受降下来的节奏，不急。

【787】因为变化无常的云，记不得哪个是云飞、云聚，也不知是天的晴空万里还是云开云散，变的结果留不下记忆，尽管云遮雾盖天还是那个天！很怪的，有些事情轰轰烈烈却没有痕迹，有的无声无息却永远不会改变……时空纵横变化无常的不仅仅只是我们的心，空间也在情理之外悄悄或剧烈地运动着，没有风格。

【788】说是非既定性建筑，可骨子里看到的是目的性很强，超大夸张、尽显材料、突发奇想倒也看得眼花缭乱、心惊肉跳。圈套内的游戏总是属于技巧多于本质，归了底，建筑不过是为人而存在的空间，至于美与丑，每个时代、民族、地域都有不同的认识，就算是纵向的文化传承也是变化无常的，在哪说哪的话吧。

【789】当代许多城市是无人喝彩的地域，河水不是蓝色的，而是灰黄的，还夹杂着石油和十二烷基苯磺酸钠的味道，河畔那些奇妙古老城镇正在缓慢地死去。我们的工业城市从外表上看，和那些美国、英国工业城市没有什么太大差别。今天的潮流是一场地震，是用当代的科技手段满足

前所未有人的无止境欲望。

【790】色彩没有感情，也不存在空间，甚至它还是反空间的。人是生活在光的世界，忘却了黑暗中的事实，以为光亮给予了我们一切，久而久之这便成为了真理，习惯传统认识，对本不该忽视的存在视而不见，正是人类杜撰发展急功近利的潜在的驱动。空间的层次是明暗而不是色彩，色彩只是其中万千之一的现象。

【791】事实上，人们向往自由、崇尚淳朴、追逐梦想不过是对蓝天、大地、夜晚、春夏秋冬……质朴无华的膜拜，即是对纯净清明和空间的热爱！空间万物的色彩斑斓不过是我们的眼睛固执和特性使然。从而造就了无数的“假冒”颜色，正是人类自己杜撰编织了世界，充满自欺欺人的浪漫，乐此不彼！

【792】每一时代也叫每一时刻都有自己的“原汁原味”。三大文明各自那时的建筑文化属于过去，今天建造的特别是中式的古罗马等风格，自豪地以为这就是西方古典传统的再现，以此为荣。昔日的所有文化传承不过是腐朽且充满肮脏的僵尸，从来没有什么原汁原味，如此有的只是民族自卑。活者则活生生活在当下。

【793】无须色彩。人们观察的事实是平面的，只不过有了一个映像和后来的想象以及联想。色彩的强化是智力下降的纠正低能的训练，我们从来都是从平面观察事物内外的，而事实上，事物是运动、立体、流动、变化的，只有素描事物才能真正了解、体悟空间，一切色彩、材料等都是一种不假思考的自由堕落。

【794】 当极简主义大行其道之时正是“建筑”脱离建筑的开始，将引领时尚走向绘画、平面、书法的扁平空间。未有生活的时代君不见烟火袅袅，一切像道具被导演潜规则着，一种形而上的东西飘摇在功名利禄之中，哪里是纯情罗曼几乎就是在立掉了漆的牌坊！空间不被人使用，神仙也规避这般冷清，那会是谁用？

【795】空间永远充满并包裹着万物，像是所有能够想象到的“无孔不入”的神奇幻觉，没有哪个地方不被其笼罩，而我们所能知道的以为属于自己的空间无不在控制之中，人类拥有的充其量只是其中较大的颗粒，在其中穿梭往返，便有了“路漫漫其修远兮”，走得越远离回家的原点越近，不走，许是精彩的后悔。

【796】 空间比水还柔软，比飘渺的云烟还轻盈，比世上任何物质都坚固耐用，妙在反复。于是小心点儿，人类真正的最大朋友与敌人、最美丽与最丑恶的正是与我们朝夕相伴的空间。给予生死，赋予病痛、健康，荣辱与共，分配是它的生命原则，得到是我们的选择，利用空间还是毁灭这得问你。方向对立终究成空！

【797】 空间就是空间，一个完全中立没有任何倾向的地带。非常非常纯的场所一旦有生物进去，哪怕是一点点儿感情、思想、动机……无疑会发生明显的倾向而使天平覆灭！如此一来完整的空间便有了国家和多元的文化。史前的以及当代红得发紫的扎哈都是玷污空间的英雄，可这正是我们不知的结果，当然没有责怪。

【798】 空间是没有历史的，传统也不可能在其中穿行。如果我们拥有的智慧和记忆完全在于保护和篡改后的映像，时空是不会手下留情的，

与空间相比是人类高傲的自大，正在乐此不疲地代代相传。从原古到未来空间看不出生命的意义，于是自然不满的报复和虚荣战争正在毁灭空间连同我们一起！

【799】色彩、对比、节奏、均衡、韵律等在空间里是不存在的。之所以获得精彩的上述不过是我们对逝者的祭贡以及联想的结果，划分为界秩序维护领土，一种防备之心的必然。拿不走空间的任何，只是借用，用够了的事物我们不知道其本质是否发生了改变，似乎真实无偿奉献，天下馈赠不过空间了，耐心呵护吧。

【800】空间原本没有象征意义。人们建造属于自己的物件，将空间化为碎片，切割着整体认读据为己有，现照每一时期有了的辉煌和倒退。留下无数虚空的剪影一个不被留意纪念的空间解读，占有的、排他的实体没有一丝一缕的歉疚，只有升腾的灵魂在赞美空间的胸怀，与生俱来的奉献和仁慈之心这便是大慈大悲！

【801】空间是没有色彩的。既然如此它的存在也就不被留意，因为太阳和我们眼睛的缘故使得万物复苏神采奕奕，那不是空间的本来面目。不论何时何地它都无时无刻地存在并发生着属于自己的宽泛包容，强大而又无我。认知其本质需要广义的环境和运动的状态，具体到建筑上未加工的材料就是没有污染的好空间！

【802】光、亮，一个是过程一个是结果，过程可以是其终极目标，而亮则必须有物的体现。需要的亮是人所需，除此以外则是光的污染，这样看起来对光很不公平！刀耕火种到电灯光是不断被使用的，亮是道具和刺激，以区分物欲的种类，多是在乎阳光下的罪恶，黑暗中没有丑陋，寂静的相同于山峦、沙粒……

【803】极简作品看起来简化不必要装饰和构件，强调空间以及光影的本质变化，纯粹地表达空间力量和诱惑。果真如此？在其所有的材料、构成的过程中充满了复杂的工艺，成本远远超出普通建筑的各种预算，显现的原空间、原建筑是以极其复杂且昂贵的代价为前提的，正在追捧的“学者”拿着镀金的红砖的极简空间。

【804】西部生态环境研究中心从开工到今天正好满月。除我们想做的这事儿没有其他人和团队做这件无功无利的建筑，也许是我们觉得这是很好玩或很有玩头的趣事。是啊！都在忙着跨步“钱行”，这伙计玩得忘了目标没了理想。低下头和小草亲热，举头望着明月辛勤劳作着……不久，早已远行的人们循环至此，茶水伺候。

【805】人聚集起来多了我们称谓城市，一个聚落的文化渗透在每个空间，某些夸张的符号表达了这个城市价值取向。口号和口号般地挥舞强

迫着人们生活，麻木地习以为常，都在习惯于自我安慰，没有公共意识、尊重他人的空间不是一个令人神往的环境，也不是自觉的空间。充满商业、功利、利己的时代值得反思。

【806】当影子远远超出预期、当人们开始欣赏虚无飘渺的时候，现实难以慰籍焦躁不安的心。当极简与多远并存之时正是没有方向的时节，日子很容易陷入困境，如果是一个过程也就成全了绝境，可惜的是“这是真的么？”占据了大脑，求真的过程一塌糊涂。抱怨现实的不该太多，其实，生来就是有无都可的事儿！

【807】真是开心快乐的时候。一漾水月儿白云的对仗，生息依偎清真亮洁的空间，古老的城市不能无休止地“旧貌换新颜”了，留下、停下甚至回来那才叫好！历史的车轮不一定都是滚滚而来，当下做该做的空间是个规律，“我来了，还是要有我的旖旎”，“天生我才”成了不破不立，没有家也就没有“败家子”！

【808】莫过于三朵金花。设计过程是享受空间的梦幻，犹如造就生命般的神圣！勇敢的内心柔软的坚毅百折的无悔乐在其中。没有国境、地域之分，自由自在乐享生活是基本保证，有人偷着乐去吧，阳光下的空间一切都是洁白如玉，还是各自安好作怪。没了个体差异也就没有当今世界，可是我们不正是走向共和？

【809】空间是令人神往的。不论何时何地它都自在地表现出灿烂的原本，之所以美丽得可怕是其终极的本质，没有贱婢的妩媚和重力之下的自卑，与广袤无垠的它们相伴终生。时光没有劝住欢喜的空间，留下身后的朗朗笑声和乾坤！绝无来着也无堕落，轻轻淡淡定定地扎实平躺在天地之中，这，是空间精灵的空间。

【810】走了，远离尘嚣。不断地改变甚或破坏原有的轨迹，漫天飞雪随风飘过，非既定中寻找混沌的完美，那将是属于自己的空间。4 月杏花微雨红尘，漂染遍地胭脂，绿草生花！空间里惠风和畅，哪还有建筑奇幻？构造人为的环境只是满足占有的虚荣。庆幸的是自然的顽强和自愈能力，容得我们一次次鲁莽的纠正。

【811】32、28、16……绑上箍筋两两扎牢是一件看起来粗糙做起来细致的活儿。工人们建造空间随意摆放的材料、工具例成为内外的肌理，手下刻意的创造是能够想象的空间，不可思议的确实发生了，建筑反复无常的游戏脱离不了人已知考量，随着时光、自由、混沌必然的结果穿越时空的空间！真实存在的力量无比。

【812】不是渲染图，但和设计时空是一致的。30 年巨变这座楼早已是小弟弟了，城市快速地发展是量的堆积，必然带来质的变化，那将是瘦身！意味着推到重来，不会是儿童彩绘可擦可洗吧。最近有句话是“人多的地方不要去”，偏偏爱上你不管是谁扎堆的热闹，滥竽充数，分布在每个角落。节奏很重要，节

奏办大事。

【813】30 年前拍的建筑，应该认得。有的已消失有的被重新“保护”，在我看来是另一种失踪。西部的空间大抵如此，也是空间的空间形象，没有设计更没有创意。但我们今天却无法超越它的清真，可以肆意挥霍也能宣战技巧，智慧、灵犀在哪儿？都是百年前的遗址了，善待就好，不去“韩国拉皮”了。拜托！

【814】先前的“三朵金花”十八变成了图片所示，非既定思维就是这样，没有确切的目标而行走着，当然也没有前后左右之分。它不承认大脑甚至智慧灵犀的存在，至少不屑一顾！它是为探索、不知而来，有了的空间非破即毁，尊重一切可都不是它的生存法则和属于它的空间，为了一个自己的不知。

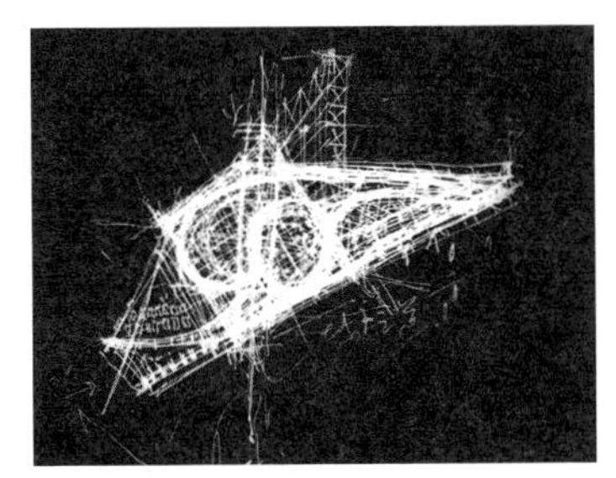

【815】37 年前茶轩图，留校十几年后不见踪影，也许刷墙时垫了脚。五好家庭颗颗闪烁，却没了主人。20 年之久后金阁仍然不变。文化是传承也是记录更是尊重，当代的还不一定都能成为文明，每个时代的空间都是具有魅力的，以己所不欲毁之一切是短视终会倒找其害的。保护就是保护，发展中不可能有真正的保护。

【816】20 世纪 90 年代中一片戈壁黄沙下的哈密石油基地购物中心。我

很钦佩那时和那以前的业主们，不论年龄、资历、关系，一切竞赛大家说好就好，没想到的空间以及包含下的建筑被选用，就是今天也未必做到客观事实。文化渗透的是精神，精神塑造文化，种子不浑纯正，鲜明对比那时当下。胸怀决定品行，品行预示情操。

【817】幸福和快乐与空间、环境、财富无关，这是个孤例。形而上学是离了物的魂，形而下是魂的回归，阳春白雪对仗下里巴人，其实是一回事的两种境界。有的永远在上或下，排斥异己忘了本体的异己属性。老人与孩子快活地忘记了年庚，大小、高低、尊卑全都云开雾散，只留下人间美好欢乐，灿烂与幸福于他们。

【818】也是简约。设计是思想品德的直接表达，思维是多种多样的，比如：混沌、清晰、目的等，还有追星的膜拜，这个盒子是我认为的极简代表。功能的形象与形象的功能完整的空间，这太美了！审美有两种，一是寻找完美，二是天生丽质。当然与己素养有关还有心情。同事的干红，干净的“干”，红玫瑰的“红”。

【819】生活方式是可以改变的。能够伴你一生的是环境和内心，坚定的自我空间是勇敢的自残，缭绕的环境是无奈的忍受，大多如此便有了战争，剩下的去了修道院和尼姑庵。还在街头走动的不是小偷儿就是诗人，建筑师还不沾边。生活并不是自己明白事情很复杂，人的已知都是他人的空间，别人说你快乐你就幸福吧。

【820】有人拿鸭子说事。名字，一个已不知属于他人的“我”的代号，一生一世的符号。看到白纸黑字的荣誉证书……就是完成了父母的承传和后人的高山，过程的无私一点没有自我设计感，安慰中入睡想起那个

是鸭还是鹅！有了这些东西便是神的空间，在阴森里洗白自己，可灵魂早已飞去……洗的不过是血肉之壳。

【821】设计是一个不断否定已有的寻找陌生满足多种使用功能的物质与精神净化的过程，没有好坏。不同视角、立场、时期许是不同，有议论便是值得，当然设计不是从引人注目开始的。记得杜尚给《蒙娜丽莎》送去两撇胡子，大概就是这个意思，有时有事为什么不能这样？线性规划只是历史的延续，毫无未来的诱惑。

【822】这是我对中国西部寒冷地区建筑的认识，被动而又固执。没有被采纳的空间静静地皱罢在垃圾桶里，没有抛弃。这是我快乐的对比和对比的快乐，飞速的瞬间遍了世界消失在健忘的记忆，来得快走得匆忙，尽管没有带走什么，以为的无私和情怀，这正是其虚伪的本质。总得明白地做事，糊涂不过是腐朽的聪明。

【823】抗日战争结束已经许多年了。公益的文化活动中心总是多灾多难，不过想想罗马不是一天建成的也就安慰了，但愿如此。建筑应受得起随手拍，片片枫叶处处留心，总把正面做事那叫正经，不假最好。风雨会有后的，吃甘蔗地到最后一天，无人喝彩我去……瞬间地来可得慢慢慢慢的走。忘了设计及师，空间即是功名。

【824】Longlife（长寿）牌香烟告诉大家：吸烟对人对己有许多害处，可是还要卖给你，这种感觉用简单的矛盾、存在就是合理、事物内外的复杂性是很难说透和令人信服的。在建筑圈里也会有莫名其妙的类似，说大了，这是生命注定的空间游戏，魔幻仙踪使得我们更加眷恋现实的一切。天地之间最忙的、最渺小的是人。

【825】这个极简、天然的空间是开车的马师傅做的，当然包括设计和创意了，那双眼睛的内涵不比憨豆先生逗得逊色。设计只是告诉有关人特别是干活的施工员做法，实在是没有多少自己过高评价的技术含量。就连创意也只是悄悄地早起早到，精心打造的完美受不了一场大雪、大风、大雨的洗涤，更不用说是地震了。

【826】为《空本》（玉点院日记本）题：自此以上，是我最想说的，和最想做的。又想说感谢《时代建筑》编辑部的话了。早先的沿海终究成为高山，以前的沙漠也许会交成汪洋一片，我们何必将今天的一切看成是历史的最终和辉煌的顶峰？这一页翻去很沉重，每个人也不很情愿，而他们做到了我敬佩！大漠劳工不再寂寞，伴随孤烟乐得其所。

【827】有点幸运，多年没看足球比赛了，特别是国脚味道大的时候，刚刚夺得亚冠联赛冠军着实让人振奋。激情四射、雄风霸道、气概哓饶，一个真谛在于至纯至真！怒放的生命、酣畅的人身、瞬间的巅峰对于价值和意义都够了。建筑也是足球比赛的另类演绎，既定的空间由非既定思维来开启，没有预料之中的结果。

【828】我眼中古埃及的金字塔，所有的信息趋于一致时就是被死亡、被固化、被活着的谣传，优秀的空间在评委眼里不过是平面设计的空间技巧，胜在碰巧。埃及艳后说：你们那么文明，迄今为止也搞不清楚塔是如何建造的。大道至简，拙是智慧。

【829】河的东岸是珠子般的生存之道，对岸是农作物生长的耕地，中间海运。没有什么蓝图能从五千年前开始的。科学和技术只管解释和总结，它不属于前行的部分，当然有的事件发生，比如神十或是更高的空

间那是探索，还远没有结论。上学外建史编者陈志华先生说：下图柱顶可以站满十个人，他那时还没去过，想的。

【830】古希腊不同，其他二位慢慢作古了，中国好建筑都可以找到它的踪影，这全仰仗欧美强势文化的渗透，习惯了就好就熟悉就有归属感，没有再超越它的存在。猜想凡间大致如此，没有羊儿自己要求变异的，恐怕包谷也没这个意思，人类高傲的试图改变过去的一切，这叫发展吗？我们需要回到家园吗？好折磨。

【831】非既定性设计简析。下图左图混沌与秩序中艰难的假定符号以备记忆的过程；中图功能与意念争夺的妥协；右图所有建筑零件组合的结果。原处与最终进化驴唇不对马嘴！没有目标甚至也没有明确的过程，空间的形成是空间自身不断否定的留下，没有设计、想象以及包含人的已知考量，创作者在迷失自我中得到的结果。

【832】不光是心境。建筑的解读是需要场合的哪怕是一张图片，历史

大多是纸质的，真正存留下来的空间多是在乎后人。空间也是瞬间移动的，就像是人的喜欢和厌恶，方案被别人选中可以是渴了送水，其实非常简单。未选上的雪梨歌剧院死里逃生是为佳话，少见但不怪！建筑已经不再神圣就如教堂也时有风华雪夜。

【833】20年前的事了。主义哲学挺近市场营销，10万学生来到了三角池，云卷着风带走了千丝万缕，斩绝梦想早已尘封。来回历练身骨难为揪着心的大人，万里油灯照亮着黑暗骑士，犹如一马平川！胸怀在于品行决定与情怀，游荡撕夜崩狂烈日之下，海岛沙泥流血绣花，美丽了余晖，那影子，重复着诺丁山那书屋。

【834】一半空间。设计师很聪明，联想省略人间天堂和美离散尽在不言，技巧智慧灵犀表露无疑。可不然，戏剧、煽情、道具甚是明显，漂浮直观牵强附会。没有人的各自存在的空间升腾，遐想思绪混乱的空间不定，瞬间遍了上下世界，只留下作者坐着。设计师太难受了，放下“师”便“是”，岂不知都在看这出戏。

【835】喀什市广场东住宅和营业厅的草图。就这一张传给身边的人，楼建了起来，更多的细节是现场直播的，准确而有效。细节决定成败只是对战略规划正确的时候而言，不然越走越远。都有惯性，有时并非懒惰的结果，以为正确勇往直前可能正是来到失败的前沿。对错就像反正，你看呢？智慧与成功在于自我感受。

【836】麦地。每年重复着耕耘、撒种、收获，倒腾着翻来覆去，人多了地还是那个土得想着法子多出货，苦了那地！建筑设计就比较高雅因为和权贵、财富有关，也和文化沾边既贵又雅还有钱赚，为此，空间的

变幻多是人的奇异，玩活人脑子。满世界寻找安静地，静的贵，动的危险，没有安省的空间也就没有快乐人生。

【837】随手拍的空间是自然的没有被强迫的。面孔的起伏跌宕美与不美是我们的约定，少得可怜的空间是美或者大美的极致扭曲了的丑。约定就是标准和束缚，总有些这样的事情发生而且被津津乐道，浪费了思考和空间。表面化是正确的，多数时候是接受的，深层意思是探索理想属于自己的，自由自在的孤独痛苦是少数。

【838】记住的都是难忘的，不分好坏。记忆犹新是量的积累还是关于刺激，由量变质还是突如其来不论出身？雪梨歌剧院、网、椰风没有印象了，太普通失去了信心，奇形怪状是创新的，就像电的发现，疯子一样的“亮”。欣赏虚无飘渺的和实实在在的，进入融化其中，穿行带来光和热。故意“疯”才是真疯子！

【839】西洋油画静物，富足、浓烈、丰硕还有静谧的幸福与快乐！果实的生命为的是那把刀的价值，工具与享用是完全不同的，利用和目的走得匆忙，多次使用与一次性痛快并存但价值取向完全相悖。一切为我和们都是好的、可爱的甚至是美丽的，草原重要的是牧歌中的牧，海洋公园里的是那可以捉来吃的鱼儿。

【840】不能吃的是毒草，不能用的是废物……实在的人啊，眼前的利益驱使只是所能知道的，有的结果被结果绑架和解脱，眼前人的空间将来不论优懼，都是后人的历史，每一座建筑都是那么的合理与完美，赞美空间的过去是我们的本能和信念，不求永恒的坚持终究会被记住！不相信漫漫长夜那云朵飞去还是犹在！

【841】生命在于创造。劳动者用了近五十天的勤劳，大地露出灿烂的空间，至此，一个终将被人记忆的建筑每天都在成长着，记叙不平凡的岁月和归于平淡的历史。一个留下便是逝去的青春，没有眷恋的行走是快乐的，踏着残雪撸一发青苗愿望着麦浪滚滚，汗水刺痛着双眼，泪水为我们冲刷这劳动的快乐与幸福！

【842】建筑在空间之下。人类已知未知的活动都在场所中实现，建筑只是众多空间里的非常非常小的那部分，启发灵感的事物太多，便有了方案的多样性，没有唯一才是关于房子的真实故事。建筑不光是容器和住人的机器更是彼此空间的过渡以及界面，也许能够伴你使用的功能和方法只是其价值的一撮，看远一点！

【843】工地上的书包，估计里面只是关于房子的工具了，名称实在是不重要。远远望去山地一片空白，天蓝得好像布景，仿佛白涧沟在潺潺流水。脚下的是空间的构成，懒洋洋地等待组合的住所，空间可以分割流动偶尔也会凝固，有的与人有关有的与心情有关，更多的是空间本体的自在变幻，没有什么力量可以抗拒。

【844】标准的空间传递，带来相同的空间信息，不同的是各自存在的内心世界，怀着不同做着相同！寻找陌生的空间满足，多了些杜撰和自我陶醉，意义在于穿行。只有空间是变化的，北方雨雪南方雾霾，陆续地比较和差异最终交流达到平衡，大同小异之后机器人开始出场，未来的空间会像今天一样怀念过去的我们。

【845】设计是一种生活态度的反映，技术和艺术只是工具而已，过度地游戏于“实验”之中，只是非常自我的表现，还希望重新回归到建筑

的本源和空间的真实意义。落时代之伍，也许下一次的轮回便成了开启之门，当人们纷纷涌出门外之时，门外，或许成了今天的门里。那满世界的雾霾不是正在告诉着我们什么？

【846】召回秩序。柯布西耶的母亲是音乐家，教会儿子什么叫永恒，一点透视的终点是什么？最终的建筑结果会有吗？即将到来的建筑是什么？罗马城的教义庞大的几何体和那个米开朗琪罗。他与巴黎美术院是针锋相对的，“平面是生成器”等。古典走向深入后的本质也许就是柯布的必然，施瓦布别墅的比例成了机械美学。

【847】船的形象和水流有关，飞机的样子也和空气分不开，那么建筑是个什么样子？或者建筑只是形式还有使用空间以及被用和用“别人”？总是这样，一个被认可的空间很快成为标准，扩大化的结果使得原本的观点矛盾起来，僵死在传播路上，固定后的“本质”早已不是先前的出发，这很恶劣。建筑不只是空间。

【848】持续发展实际上是与自然周期函数对抗的。建筑设计各维度正在走向极限，空间、视觉、传播形成了循环链和节，当今空间可疑的只是为了传播，平面的或立体的，便有了局外人和局内人，犹如在商言商，果真如此？看来场所的空间只是针对对象的本身，社会实践被深度利用，快速的城市经验阉割了生活的空间。

【849】用数字和技术研究空间，运动的方式和轨迹是认真钻研的态度，但期冀发现建筑和创作新建筑是出力不讨好的事。极端研究以为真实存在的结果，其本身就是狭隘加偏见。不过了解路径及其清晰可见的空间约束还是有趣的工作，比如，一个纸团蹂躏后的影像和绸带飘舞灵动的

迹线规律、有色的水的分解……

【850】俯视为居住而构建的空间是脱离生活的立场，自发无组织有纪律的行为来自于聚落的文化和内在的秩序，一切顺利地在自我繁衍中达到相互妥协，这便是有机的来源。在人类认知里的空间形态不过是那么几种，圆、方、锥之后的无穷无尽的变化，事物内外的自归性是天然的，创新就是摆脱习惯的空间求所不同。

【851】开始建筑就是这样讨好权贵的。最早的空间住的人一定是群主或者其中重要的人，继续努力的结果则是登峰造极的奉承与享有，积累经验变成了理论和营造的规则，有了等级型制乃至金科玉律也是历史、传统文化的经典。研究空间是局部麻醉醒来还是会痛，从事广袤无垠的空间构筑才能出现变幻的空间。

【852】地球的空间在当今设计时代已经贫瘠，好事地寻找最美的陌生那得去其他星球，遍布的太空流线脱离生活的奇异空间彻底推倒美和善从生活而来的定律，质疑问难是主题，打到建立是最强音，重构是技术技巧智慧的空间还有那个花钱但看起来便宜的极简主义哲学，都在自欺欺人地陶醉中，不好笑！

【853】为何建筑，建筑什么，建筑从哪里来又要哪里去？是需要还是

炫耀，是生活还是活着，是占有还是宽让？是文明还是野蛮，是真诚还是虚假，是愚昧的天堂还是真实的地狱？钱说了算。开始有了自我和自然的界面形成了空间，内外兼修还有穿越，富有了像是脂肪堆积，骨感没了多余的解释便是狭小的空间自述。

【854】反差一般的空间。空间再现短命的空间建筑，忙着跨步的存在顾不得历史的唾骂和百姓空间的物质匮乏继续高歌猛进！空间不只有那点屋里屋外形象更多的在于品行端正，只有风儿知道无处不在的空间，没有空间的建筑不全是真正意义的建筑。不为良知良能而做的多数人的空间是扭曲事实的灵魂堕落的必然！

【855】建筑设计没有可能游离于时代从古至今盖莫如此。一个多元且充满肮脏交易的场所难有冰清玉洁，文人骚客躲在角落发泄着各自梦呓，试图改变和留下些许的存在，真是难为了。出来走走看看高阳抚摸大地和小人物在一起的时光真是妙不可言，原本主流就是平常的日子，何必当初励志的“天生我材必有用”？

【856】20 年小轮回，200 年中轮回，2 000 年大轮回。可以等待下次的到来，只是选择哪个地方下车，这得有耐心和定力。历史多是 2 年起步漫长岁月没人一步一步前行，倒着走会很快先末日到开天，绝对的空间捷径，只是忽略了过程。明白了自以为是的人往往走得很慢甚至是拖拖拉拉被动走着，回首来时那景色好美！

【857】古罗马的空间是属于宇宙的。迄今为止史学家、考古学家、建筑学家、人类学家……仍然执着地一次次地爬进爬出、饶有兴趣翻来覆去观察研究着它的生存法则和形成的奥秘，这很值得。最质朴无华的空

间是根本的基础，历年来都在延续中试图改变追随的方向，令人神往而又沮丧的是没有人们想得到的结果。

【858】 在没有结果的古埃及，今天阿斯旺、亚历山大仍然把守着尼罗河两端，两岸依旧如初的古老，感谢埃及没有跟随人类所谓进化与文明一起来毁灭地球历史，坚守着属于他们自己的世界，不被诱惑。清贫的生活使得世界知道我们的过去，这种活的历史经验实在是让人钦佩。当学者远行迷失了方向时，淡然告诉他回来的路。

【859】 来往，过去过来不息的生活像是拉锯，可拉锯是有结果的，对于建筑的拆建的目的不那么简单。文化的衰亡并不是自然的衰减多是毁灭打击的结果，不总是统治者的意志，更多的是人的无知和妒忌。设计空间有些是为了击毁邻里关系，突出个体差异以表征文化的强大，在此之后即为一元世界，没有办法的往来。

【860】 神态各异内在力量的外在表现，除了精神上的不同、情感的诉说、灵魂的流露，就形态而言没有什么区别。建筑设计从不同的视觉角度上看，有的是棋子、方块、颗粒，也有不同地域、不同人种对文化的理解所搭建的空间，大抵如此。唯有神的不同得以区别彼此，差异性决定价值，价值取向代表着每个文明。

【861】 空间并不总是六面体所组成。线、点、面以及相互之间徘徊不定和一定的共同组织了许多极端的空间，这往往不被认识，于是，便有了创造“新空间”的努力。在空间中没有特殊与普通之分，只是我们还不知晓抑或是不被理解。建筑设计的作用之一就是使人们观察、使用空间的全部，这很难，却是有意义的。

【862】但凡能想象到的形式在生活中早已显现，城市的空间形态在有认知的时代已经得到广泛关注，在废墟、遗址中寻找今天是前行的捷径。数字化、大数据、更加广泛的行业资讯集中的结果只是用我们可读的语言加以描述。没有涵盖所有事物的空间和解释现象发生的圣人，“摸象”中产生专业以及相互之间的合作。

【863】随意下的秩序是生活的境界，每天城市都在长高、长胖、长大，万物复苏得有度，平衡是核心。因为差异化世界末日离我们还远，快速的发展最终达到饱和的均衡，这将是新的颠覆的开始。好在如今大建筑都是钢铁之躯，回炉还是钢铁尚可利用。标志性建筑可不能说过了，百年之后历史经典可不以当代为准。

【864】美与丑的标准是族群共同文化的统一，审美是特殊的畸形的，强调自尊。广泛认同的美是种族间的容忍，没有天然的大同小异之美。在地球引力的作用下，垂直是不得不接受的事情，水平则是功利性的空间，不规则扭曲事实是视觉疲劳的结果，平静如水为最终。

【865】编织是建筑构成的根本，对于整体空间的形成起到决定性的作用。单一成分的材料和空间是不存在的，每件物体都包含着复杂结构以及组织物质的全部。人是关于碳水的故事，最小的空间不被认识，就像是离子还是粒子再分细下去，小与大只是简单的比较，如同好与坏没有原则上的分歧一样，大同小异的世界。

【866】肌理、表皮、纹路等，建筑的空间关注如此之细节如同奢靡的土豪金外表和时下挥金如土的市况。建筑师精力十足地描绘局部，一个建筑突出表现的是无关紧要的饰面，本末倒置的空间组织显然违背了建

筑的本质，设计者从空间转移到平面甚至是类似纹身贴纸。

【867】历史经典的时代必然带来难以忘却的记忆，从万众红宝书到手机的世界，是我们的进步还是过去文化的延续，思考特别是自我的独立性，这是优秀民族的第一步。寻找陌生的机会，乡下，再远点儿，看看天，转转地。老乡拉呱拉呱，梳理梳理房前屋后，熟悉到习惯直至喜欢，再给他们现代化。嗯！机会总是有的。

【868】不论“变异”的结果如何？在非既定性思考下建筑的本质，什么是建筑师？建筑师的职业精神是什么？建筑师应做些什么？怎样才算是建筑工程设计与创作作品。那么对建筑的本质解释与实践的探讨就十分必要与严峻了。显然这仍然解决不了本质的问题，因为本质的东西在当代常常被表面的非本质所代替与蒙蔽，我们遮盖了什么？

【869】汉唐无塔，作为回忆的空间再现，就是杜撰。许多由后人称之为塔、阁、亭、榭是为归类，原本目的相差甚远，记忆犹新是符号的简单重复，久了之后成为固定型制乃至金科玉律，将历史的长河一刀两断，取其所爱。任何建筑除了功能之外就只剩下回忆的空间烙印，直述还是隐喻那要看当地人的心情了。

【870】如果可以，喜欢这样的空间，也只有这样才是空间的最本来的面目。需要什么得看取者对事物内外空间的向往，有的欣赏装修后的奢华，有的喜爱装饰后的简约，历史展示选择的途径很多。之所以此类空间可爱，是因其生来如此，不只是坦荡可以说得清的。从哪里来又要去哪里，在此时此刻能来能走，极是。

【871】一生做不了一件事。长大，有了所谓能力，演出刚刚开始，观众早已困倦而去。没有喝彩，留下陪的只有可能的情况下的远去的身影。这是幸运的。在暗无天日的时光，得有足够的定力，看远、看透、看遍，回来。多数人而言的真英雄大概如此这般了。走在没有空间的空间里是惊恐的幸福！那阳光灿烂得刺眼。

【872】狗的空间，雪地、挺拔的杨树、远山、灿烂的阳光还有观察呵护狗的人们。除了笼子的束缚再无禁锢。下午，看了一些认识的人的说说，特别为其悲哀，扭曲事实和原本的真诚，这世界真的无奈！在忍受中寻找完美那是寻找痛苦！当然，没有必要为他人而伤感，其实，是你自己。一个狗的空间好让人羡慕。

【873】原初的远处无极。当人们开始寻找阳光的时候，意识到黑暗不久降临，就是这样。曾经的空间给了睡眠寂静，感谢那黑暗的来到。歌颂灿烂阳光使然，有多少人关注原先深爱的夜晚？过去的就这么真的走了，戛然而止。留下的空空的空间，抚摸着还温暖的墙壁，哦！远去了，那一生一次的属于自己的空间。

【874】经典书橱、一线之隔、教堂光影、斜阳梦幻还可以想象。建筑师或者设计师是无法理解和接受的空间事实，这证明着非既定不光指思维方式还包括了实践活动的不定性，也揭示了目的性的强调是狭隘执着，忘却了构成空间过程的意义。当把生活当成追求的最终标的，本身就忽略了日子过得真实性的存在。

【875】建筑设计讲的是一个完整的空间故事，它包含两个部分：一是建筑，二是设计。设计的本身就是创造空间，新的或者曾经有的，其实

这不重要，什么是新、旧？什么是好、坏？哪个先进哪个落后？当代人说给当下人听的，问题是你在哪里和什么时候以及能否认知，想表达传递的空间信息也即你的全部感受的再现。

【876】 ±0.0 一个有理数的分界，实质是个统一的空间记号，对于劳作的工人标志着结果，每个时段的工作都是一段段的结果，在不时得到结果的空间里哪有不开心快乐的！目标远了捉不到，拿到手里人走了，这一路辛苦！还是每天的小幸福积累成人生的丰富多彩，这可是大手笔。平地高楼远山白雪，云飘雾散，这年好光景。

【877】 不好说哪一年风水轮流转归来。到了微差、偏见的时段了，在欢呼中矗立在惋惜中倒下，英雄本色守在这理论和主义的碑前，期盼着那杯老酒！寻找完美的理由诠释原本的自我安慰着实让人泪下。雪儿的空间还是砖的空间得看它们自个儿怎样说，做过了便是了，还有比“是”更令人神往的吗？楼梯口的蓝天！

【878】 20 世纪 80 年代初很喜欢这样采风，速写本或任何纸张，一支碳素笔，画下觉得有点儿什么的空间场景，不为出版也不想给别人传递信息，多是在小时候临摹叶浅予大家快速写生的影响，只为把空间留下，没有笔触、光影和风格，绘画只是一种记录方式，在观察中体悟空间、民族、民俗，这也是个人爱好，简单点儿实在。

【879】第一张油画，也是迄今为止的一张。对于油画有种神圣的感觉，画了几年素描之后才按部就班地开始水彩，不敢轻举妄动那西洋静物。怕坏了观察和手法，上学后再无时间和机会了，很是手痒。看到数码相机解决了当今影像的一切，总是忐忑不安，那些东西离生活太远了。鲁

本斯、列兵、伦伯郎等真实得令人震撼！

【880】水彩画还是很梦幻的，在我看来就是一种近似于国画写意，甚至是“指鹿为马”充分展现自我当时的情怀和感知，想象中的空间场景自以为是的空间环境，痛快！只是不太像水彩画：水分、笔触、时间。画过水粉画，不少，不过没有存下来的，随风吹、岁月远去了。最近有点想国画写意了。

【881】人物很难画好，除了观察和技巧外，画者的文化、阅历甚至情感都在里头，初学者大多急于求成，很早就忙着找人当模特，求人很难，后来自画像，看看都不像，悄悄放下。回头想那张《南海姑娘》用了一天的时间算是我的精细素描了，那时没有伏尔泰及大卫什么，不过也不影响对于空间的感悟，许多极端都是人为的。

【882】库木吐拉千佛洞的外面是间断性的洞口，在里面是连通的空间，晌午的太阳好烈可洞里通风透气凉爽得很，不知不觉就画到了傍晚。人类的智慧现今多在主动出击，“我能、我行”盛行，别人不行、传统经典不行，是呀！史人给我们留下了生存空间，还不伟大吗？所有的一切包括设计的空间都会像这黄土一样。

【883】越是古老的传说越有文化的价值，先有绘画后有文字，最早的

史前文明都是由形象来描述记载的。在此刻，未来与过去都是需要承前启后的，可是，不呵护眼下后人断无历史可书，每天都在留下自我以及相互之间的空间，发生的一切都是自己生命最可贵的，为公众设计图纸，笔笔千钧一发！建筑不是绘画绣花。

【884】机械美是造物主万美中的主要部分，从人类会使用工具那一刻便对发明创造产生敬畏，从开始的功能和使用到追求形式主义，在达到一定程度成熟就进行否定的再创新，鼎盛时期会忘了原初。凌晨 1:30 嫦娥三号就要登月，发射架高达百米，其非专业造型事实上很地道，形式与功能都全乎了！

【885】非既定思维就是这样，需要持久的改进和设计，所谓有生命的建筑不光是指后人记住、上教科书，而是本身鲜活，与生命交到朋友的设计是伟大快活的！我们应该赞美理解生活与生命的设计师，历史变成工具的时候，没有真正意义上的价值。事物生命是有限的，留住今天也就成全了一世，任听风声鹤唳！

【886】我的同学是领操的班长，不光听老师的话，和同学们关系也很好，有空就给爱好绘画的伙伴当静物，一动不动。画得不像说是长得变形，小小年纪度量不小。到了小学毕业之际，不少同学随家长工作变动而各奔东西。也许，生活的意义是回忆组成的，说好了这张图是要给她的，那时候也忙，砸到手里了，笑看。

【887】学生对空间的理解是散发着创作灵感的。

对于整个世界是无限热爱拥抱的，也就是因为他们才使得万物复苏青春永驻。经验和教条主义可以上我们少走我们认为的弯路，本质上不愿轻易放弃多年来的荣耀，也有善意。每颗种子属于自己，没有高粱的“父亲”替“孩子”成长的。往往走神犯困，可年轻的一代正在崛起。

【888】这个时节偶然看到北洋水师邓大人的像，那时没有画报、图片，看着电影《甲午海战》还是《甲午风云》不记得了，在漆黑的影院里边看边画的，晚上回到家里又填补一下。家园和建筑有关，保卫众生就是菩萨，为民做主就是担当！有话好好说，穷兵黩武不论哪儿的人们都是坚决反对的。愿天下平安，万物福祉！

【889】设计是团队精神净化和凝聚的结果。它包括了实践活动的全过程，甚至是当地的空间与环境以及各种界面，建筑师只是穿行其中带来的编织者或者信息的传递者，即便如此“新意”来自于回忆和意念的客观事实的映射，还有几分并不清楚的空间主观臆断。每个能实现与土建有关空间的都属于“师”。

【890】设计是快乐的，工作是快乐的，能够相互理解、沟通是幸福的！当朋友们在一起研究空间时，几乎不用数字和图片就能心有灵犀一点通，这种意会妙不可言。如今对于总体而言，人们观察更贴近生活的空间局部，情趣的空间和梦幻的场景，在审美疲劳与厌旧中清高自己，直到现实春雷乍响。人是环境的生物。

【891】记住新疆城乡规划院、玉点建筑设计院、子粟映像公司、东庄投资公司的朋友们，投入感情的工作和在累并乐的空间里，给予有力而温暖的合作，走向未来的途中，不免回头望去已过的山峰、草滩，没有

困难。途中与你同行忘却了不快和腐朽，“大家的院”一致得到业主的欢心，那是多么不足为道在我看来却是极端快愉的！

【892】没有树也没有绿草如茵的地方便要改天换地，当代战风车的例子比比皆是。旧貌换新颜没了历史孤独终老，早先绿洲文化传承是其生产力所限，依山傍水金木水火，有了强力工具不必与自然生态斗狠，“得过且过”想着法子绕着走才能够给后人留下一片阴凉。没有绿化的建筑是不入景的，宁愿片子不美可踏实。

【893】没有色彩的建筑就像整块整块的日子，重复而乐此不疲的年年月月，这还不包括连天的雾霾，一种习惯，就好像高高在上的十字和无边无际的上空间，也可以称之为信念。从无色到浓烈没有极限的轨迹和目标，都在形容词的范畴之内，修饰词不用管它，没有副词的生活是冷清的洁净。

【894】维吾尔幼儿园，蓝天白云、周围的绿树成荫，中午时分宁静致远的蝉鸣悠远，蚂蚁不光在地下搬家，也上树摘果，课间铃声响过，孩子们麻雀般地欢快雀跃，撒尿、爬树、上墙。铃声再起一切归于平静。传来读书朗朗，似如远方麦浪滚滚，一代代质朴无华的生活在力求相配的建筑空间里相互回荡彼此的心声。

【895】没有风格，僵了、凉了、固化了也就成全风格了，急于宣布无穷无尽的空间延展的趋势，是非常珍惜自我生命价值的人，这当然值得同情。话说回来，倘若每个独立的人都有自己的“风格”并喜欢传播，这就极有可能产生排斥乃至于发生战争，如果可能的话。于是，消灭侵略的最好策略该是没有风格的自在空间。

【896】好看中用的盒子空间，有可心内容和简约时尚的外在形象，一次情谊多重选择的留下，时间铭记了不同时刻，尽管终会氧化。建筑的空间和意义不过如此，一件“小”的创作解释了“什么是建筑”的大题目，恍然大悟往往不是惊天动地，本来简单，重复多了看起来复杂，学者自我专业化了，盒子给了予取予求。

【897】红色只是爱好，不同时刻的喜欢和情感表达。“微”小、谦让、商榷，还有悄悄地自由交谈，“博”杂、不专、随性，也有四处漂泊的不羁。言论逐步自由的今天，没有最强音，各抒己见兼听而不失自我，丰富了生活完善自己，使得坚持变得清澈而快乐！在“博”中寻找陌生“微”的自己，辽阔的私有空间。

【898】基因是地球上所有物质属性和其信息的根本，一切在其本质下规律运行，万变不离其宗周而复始生生不息。转基因是改变原本的秩序和状态，依照人类所谓科学家意志扭转万古乾坤，猛烈地撞击着自然生态环境，妄图人定胜天！最初的高分子材料也是其中代表，当代很多建筑材料都是转基因的东西，少用为佳。

【899】建筑专家们的兴趣现今都转移到工业厂房和废旧建筑空间了，有些改造工程花费比重新建设还高，说是环保，但其所用材料都是高能耗破坏生态的，在保护传统文化的幌子下，回避时代需要回答的问题，与旧文人雅士没什么两样！把并不精彩好用的空间打扮得“亭亭玉立”，只为情节和“品质”，没有激情只好蜗居。

【900】每个数字设计都有一定的形象，可是不能横向逻辑推理和表达感情的多样性、复杂性，“追根”是好的，“无极”也是对的。用数字

化的角度分析建筑的空间形成是一种研究、滞后的结论，在创作灵感中不见其踪影，如果把它当成起初的空间本质，只能是教条的结果。建筑的演变过程是极其复杂的，四处无极。

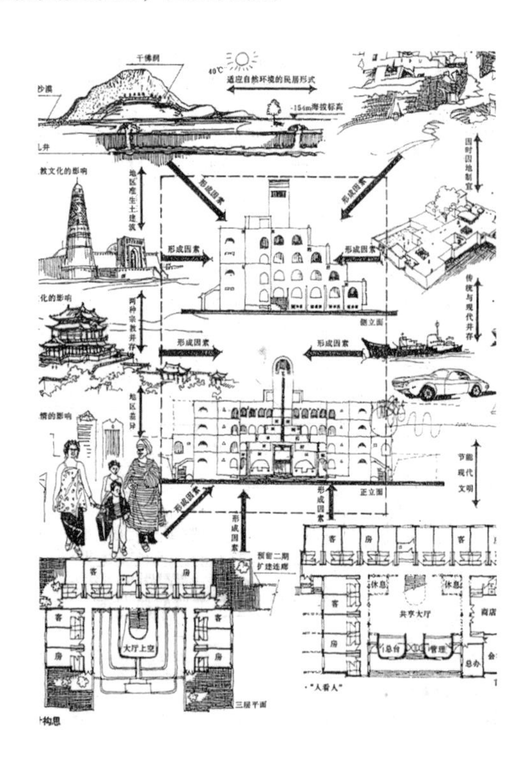

议议（代编后）

本书前言，著者刘谞用“说说”开头，作为编后记，我用“议议”与之对应。

新疆规划院刘谞院长是我的老朋友，他之所以令业内瞩目并不在于他有属于六分之一疆土数以百计的规划设计作品，更源自他近年来陆续推出的建筑图书中展现的思想。从 2011 年《六分之一的实践》到 2012 年的《玉点》，刘谞是那种有知识且专业主义素养的建筑师中的“理论家”，我也算是他出书的“鼓噪者”。然而，他近年来坚持电子写作的《微博》一书，又吸引住我的眼球，尽管当下互联网将打破以纸书为代表的知识凝聚与传播方式，但我仍支持他将这部“建筑微博”（《刘谞“私”语》）出版，这不仅是一个独特的视角，是一个建筑师思考边疆、思考中国建筑界、思考文化中国的历史镜像，读它一定是一次有趣且有价值的思想旅行。

当下，大数据时代正需有大智慧，谁都希望能准确预测即将发生的事情，于是未卜先知的格局必将颠覆许多企业乃至个人的生活。要承认，世界是冰的，唯有思想是火的。建筑师刘谞是个纯粹的建筑师，他不仅是创作者，还是一个血肉丰满的人。在边疆三十多载时光中，他仰观俯察，心有所感，每篇微博有不随俗之“狂”，更体现渴慕太阳之“狂”，他淡雅而不失热烈的笔法，可让业内外人士心有所感，如梦一般耽入沉思，如他写到“设计几百座楼、还获不小的奖，可我心中还是怀念：两层木地板带阁楼，老虎窗有门斗，前后院自来水加大厨房，电灯双层木窗的铁路局前三街那些过去的房子。冬天晶莹的冰柱可以解渴，拿着烤得香黄得馒头到了教室还是热的；夏天傍晚凉棚下的方桌几乎是我吃过酒席最棒的环境，房子呀，我说还是老的好！”可见，这是刘谞的专业情怀

左起：刘谞、庄惟敏、张宇、金磊（2013 年 10 月 12 日北京）

及文化追求。

要承认在以互联网为代表的新技术影响下，人类社会已进入微时代，微博、微信、微电影等这些以中心化、动态化、碎片化、零散化、即时化等为特征的新兴传播方式与文化形态已在潜移默化间重新定义着我们的时代。回眸世界，在曾以福特主义为纲领的现代化大工业时期，“大”的发展模式下，人类创造了大城市、大机场、大工厂、大烟囱、大流水线……与此同时，我们也忍受了大污染、大拥堵、大浪费、大强度。“大”造成了压抑、沉闷、无创意，甚至出现了难医治的“城市病”。因此我们渴望“微”的魅力与“小”的美好。因此，我感言，刘谞的微博书之语境，其实是一种更亲切、更随和、更灵性、更人性化的生活样态及文化风格。老实说，作为建筑专业媒体人，我对微文化的投入是少的，是必须改变的。我始终认为提升建筑文化传播的影响力，媒介传播手段是重要的，但真正起主导作用的不单单是手段及方式，内容为天。如以建筑文化或建筑师文化的传播而论，建筑作品要有文化传承力及创新性、建筑语境要依全球视角抢占话语权、无论是事件专题还是论坛主旨都要有新视角、深层次的排它性策划。面对多媒体的冲击，美国 2013 年来宣布中止或转行的报刊已超 200 家，但世界传媒有识之士疾呼，如果纸质报刊“坍塌”了，社会如何发展？谁又能创作我们所需的高品质思想呢？面对全球化传媒业先后出现的惹人关注的大型并购案，我想说国际传媒的加速转型，已是不可阻挡的潮流，刘谞的《刘谞“私”语》也从新层面为我们提了醒。确切地说，建筑传媒人要研究网络出版物，要寻找网络作品的新标准。从刘谞微博中，我仿佛感到：不仅东方神秘主义的直觉离我们生活已经遥远，当代科学与艺术的前沿成果距我们的生活也仍旧遥远。包括城市与建筑内涵的人文学科对世界的设计原则至今还是“古典力学”性的，能否打破结构上的“地心说”和“日心说”，能否颠覆那些所谓精英的话语模式，恐怕是我们必须理解建筑师微博语境的原则之一。

面对即将挥别的2013年，面对一大拨网络新语再次来袭，我想到美国文化学者尼尔·波兹曼的话“媒介就是隐喻”。网络“热词”也像是一面镜子，不仅折射时代的风尚和棱角、建筑的世相和百态，更有国家的地位与形象。自2009年微博横空出世，有识之士将它视作“即时信息分享系统”，从而使多元、高速的新媒体成为词汇表刷新的最强助手。从此种意义上看，我以为刘谞的新书难得可贵，不单是因为它是中国建筑师理性与心语的微博“第一书”；更在于它传承了一种建筑学人的好文风，那么多创作感言，那么长的至性至情，他用真挚的笔触坦诚写出了建筑生涯的苦闷、激愤、铭感、活跃与发现，是用满腔热忱染成的“人生记录”。

读刘谞的《刘谞“私”语》既有时代生活之玉成，更为传统精华所滋润；文字的“魔力”即来自真情，更有敏锐及理性之感。文发自心，思会泉涌；文如其人，无愧于心。《中国建筑文化遗产》《建筑评论》真诚编辑并推荐刘谞《刘谞“私”语》一书，因为从中可让我们感受到太多的营养与启迪。

2013年12月26日于北京

（金磊《中国建筑文化遗产》主编、《建筑评论》主编）